图解苹果病虫害识别与绿色防控

全国农业技术推广服务中心 ◎ 组编

赵中华　王亚红 ◎ 主编

中国农业出版社

北　京

主　　编　赵中华　王亚红

副 主 编　杨勤民　张东霞　张万民　左佳妮

编写人员（按姓氏笔画排序）

于　凯　王亚红　左佳妮　卢录勤

曲诚怀　吕文霞　刘万锋　刘学东

刘巍巍　杜君梅　李　军　李会宾

杨勤民　肖云丽　张万民　张东霞

张军勇　张贵锋　张秋萍　陈　宏

林文忠　周世荣　赵中华　贺春娟

高坤金　奚道峰　董莹莹　谢晓丽

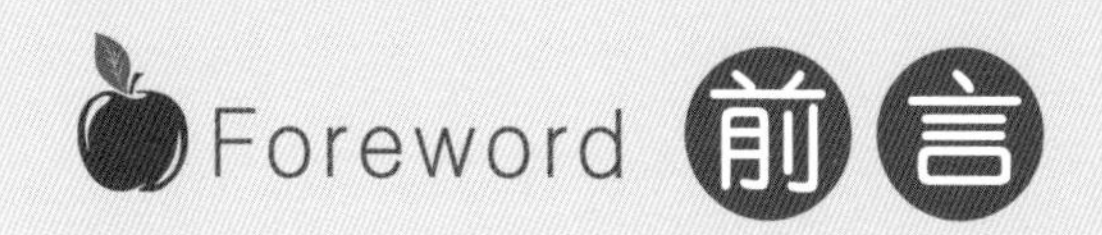

Foreword 前言

苹果是我国主要的大宗水果之一，其多年生的习性和乔化栽植方式等因素，使苹果树病虫害发生较重，防治用药次数多，药液用量大，农药利用率低。针对这些问题，栽培上采取了老果园改造、降低栽植密度、修整树形等措施，以增强通风透光，改善果园生态环境。但生产上为了追求产量和果实的商品性，在肥料和农药的应用上仍然存在普遍超量使用的问题。为树立和践行习总书记“绿水青山就是金山银山”的理念、破解农业面源污染难题，科技部设立了国家重点研发计划——“化肥农药减量增效技术研究”项目。“苹果化肥农药减量增效技术研究与示范（2016YFD020100）”项目于2016年正式立项，着重解决苹果生产中化肥和农药过量使用问题，落实农业农村部提出的到2020年化肥农药使用量零增长行动。

本书是在实施“苹果化肥农药减量增效技术研究与示范”项目的过程中，吸收项目参与单位绿色防控技术推广应用的成功经验，结合项目研究成果和各地农药减量实践经验，由项目课题主持单位全国农业技术推广服务中心组织山东、陕西、辽宁、山西和甘肃等省及项目任务实施示范县植保站相关人员参加编写而成。全书共分五章及附录，第一章我国苹果主要产区与生态特点，介绍了我国主要苹果产区及其生态特点和各产区特色与发展趋势；第二章苹果主要病虫害识别与防治要点，介绍了苹果常见病虫害的种类、识别方法和防治要点；第三章苹果主要病虫害绿色防控技术，介绍了目前生产上主要应用的健康栽培、生态控制、理化诱控、植物免疫诱抗、生物防治和高效低毒、环境友好型化学药剂防治技术以及高效施药技术等；第四章苹果绿色防控技术集成模式，着重介绍苹果主要病虫害绿色防控技术集成的原理、方法，常见技术模式以及以减药增效为主的绿色防控技术集成模式；第五章果园绿色防控技术产品介绍，结合生产上应用范围广、技术成熟度高、为广大果农所乐于接受、习惯使用的绿色防控技术产品，为读者推荐苹果病虫害绿色防控主要技术产品；附录主要收集了苹果树禁用和限用农药名录，苹果相关的国家、行业和地方标准，以及常用的绿色防控产品供应商的联系方式，便于读者查阅和参考。

本书注重实用性，配有大量图片，便于广大基层农技人员和果农朋友查阅应用，也可为农业院校果树专业和植保专业学生了解苹果主要病虫害防治技术及应用进展提供参考。

本书在编写过程中得到了项目主持单位山东农业大学、课题主持单位全国农业技术推广服务中心、课题参加单位各省植保植检站（中心）以及各示范市（县）植保站的大力支持和鼓励；浙江大学陈学新教授，山东农业大学姜远茂教授、葛顺峰教授、王金星教授，全国农业技术推广服务中心杜森研究员等提供了悉心指导和技术帮助，在此一并致谢！

由于时间紧迫、水平有限，疏漏在所难免，恳请读者、同行批评指正。

编　者

2020年10月

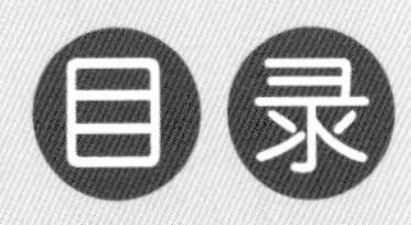

Contents 目录

前言

第一章　我国苹果主要产区与生态特点　1

第一节　我国苹果的种植分布……5

一、环渤海湾主产区……5

二、黄土高原主产区……6

三、黄河故道产区……6

四、西南冷凉高地产区……7

五、零星特色产区……7

第二节　我国苹果主产省种植区划及生态特点……8

一、陕西省苹果种植分区及生态特点……8

二、山东省苹果种植分区及生态特点……9

三、甘肃省苹果种植分区及生态特点……10

四、辽宁省苹果种植分区及生态特点……11

五、山西省苹果种植分区及生态特点……12

第三节　我国苹果主产区产业发展概况……14

一、黄土高原苹果主产区产业发展概况……15

二、环渤海湾苹果主产区产业发展概况……18

第四节 我国苹果主要病虫害发生分布 …… 21

第二章 苹果主要病虫害识别与防治要点 33

第一节 主要病害识别 …… 34

一、苹果树腐烂病 …… 34

二、苹果干腐病 …… 38

三、苹果轮纹病 …… 39

四、苹果褐斑病 …… 42

五、苹果斑点落叶病 …… 44

六、苹果白粉病 …… 46

七、苹果锈病 …… 48

八、苹果炭疽叶枯病 …… 50

九、苹果黑星病 …… 53

十、苹果花叶病 …… 55

十一、苹果炭疽病 …… 57

十二、苹果霉心病 …… 58

十三、苹果疫腐病 …… 60

十四、苹果锈果病 …… 61

十五、苹果圆斑根腐病 …… 63

十六、苹果小叶病 …… 65

十七、苹果苦痘病 …… 66

十八、苹果水心病 …… 68

十九、苹果霜环病 …… 69

第二节 主要害虫识别 …… 70

一、桃小食心虫 …… 71

二、苹小食心虫 …………………………………… 74
三、桃蛀螟 ………………………………………… 76
四、叶螨 …………………………………………… 77
五、蚜虫 …………………………………………… 82
六、苹果绵蚜 ……………………………………… 84
七、金纹细蛾 ……………………………………… 86
八、旋纹潜叶蛾 …………………………………… 89
九、银纹潜叶蛾 …………………………………… 90
十、苹小卷叶蛾 …………………………………… 92
十一、顶梢卷叶蛾 ………………………………… 94
十二、梨星毛虫 …………………………………… 96
十三、梅木蛾 ……………………………………… 98
十四、绿盲蝽 ……………………………………… 99
十五、梨冠网蝽 …………………………………… 102
十六、金龟子 ……………………………………… 103
十七、朝鲜球坚蚧 ………………………………… 107
十八、梨圆蚧 ……………………………………… 109
十九、天牛 ………………………………………… 111
二十、尺蠖 ………………………………………… 114

第三章 苹果主要病虫害绿色防控技术 117

第一节 绿色防控技术概述 ……………………… 118
第二节 健康栽培技术 …………………………… 120
一、培育健康土壤 ………………………………… 121
二、清洁果园环境 ………………………………… 126

第三节 生态调控技术……127
一、生态调控的基本概念……128
二、果园生草技术……130
第四节 理化诱控技术……136
一、性信息素诱杀技术……137
二、灯光诱杀技术……142
三、食饵诱杀技术……144
四、诱虫带诱集技术……146
五、色板诱杀技术……147
第五节 植物免疫诱抗技术……148
一、免疫诱抗技术原理……148
二、免疫诱抗剂种类……149
三、免疫诱抗剂的应用……150
第六节 生物防治技术……151
一、天敌昆虫利用技术……152
二、生物农药应用技术……156
第七节 化学防治减药控害技术……166
一、对症用药……167
二、精准用药……169
三、安全用药……177
第八节 高效施药技术……179
一、选择适宜的施药器械……179
二、把握适宜施药量……180
三、精准施药……181
四、规范施药……182

第四章　苹果绿色防控技术集成模式　183

第一节　绿色防控技术集成的基本原则……184

一、绿色防控技术集成的原则……185

二、绿色防控技术集成的方法步骤……186

第二节　苹果绿色防控技术集成的主要模式……187

一、以靶标为主线的技术模式……188

二、以绿色产品为主线的技术模式……192

三、以作物为主线的技术模式……193

四、以生境调控为主线的技术模式……194

五、以保护蜜蜂、增产提质为主线的技术模式……196

第三节　苹果病虫害绿色防控减量增效综合技术集成模式……197

一、山西省临猗县苹果农药减施增效技术模式……198

二、陕西省洛川县苹果农药减施增效技术模式……203

三、甘肃省静宁县和礼县苹果农药减施增效技术模式……207

四、山东省烟台市牟平区苹果农药减施增效技术模式……210

五、山东省招远市苹果农药减施增效技术模式……213

六、辽宁省大连市普兰店区苹果农药减施增效技术模式……215

第五章　果园绿色防控技术产品介绍　219

第一节　生态调控技术产品简介……220

第二节 绿色防控技术产品推介…………………………222
一、理化诱控技术产品 ……………………………222
二、昆虫天敌与授粉昆虫 …………………………225
三、目前不需登记类产品 …………………………227
四、免疫诱抗技术产品 ……………………………228
五、生物农药产品 …………………………………229
第三节 果园常用化学农药登记和使用情况…………238
第四节 果园高效施药器械介绍………………………240
一、按照出药液量和风机风向等
划分风送式喷雾机 …………………………240
二、按照动力提供形式划分风送式喷雾机 ………241
三、按作业方式划分施药机械 ……………………244

附 录 245

附录1 果园禁限用农药列表 ………………………246
附录2 果园病虫测报防治技术标准名录及标准号 ……256
附录3 常用绿色防控技术产品
生产企业信息（部分） ……………………261

参考文献 ……………………………………………………252

我国苹果主要产区与生态特点

第一节　我国苹果的种植分布

第二节　我国苹果主产省种植区划及生态特点

第三节　我国苹果主产区产业发展概况

第四节　我国苹果主要病虫害发生分布

中国是世界上苹果种植面积最大、产量最多的国家。全国苹果常年种植面积约220万公顷，年总产量约4 000万吨。全国共有25个省、自治区、直辖市生产苹果，品种以红富士为主（图1-1），其产量占苹果总产量的65%以上。从区域分布上看主要集中在环渤海湾、西北黄土高原、黄河故道、西南冷凉高地和零星特色产区（图1-2、图1-3）。

图1-1　红富士

西北黄土高原主产区和环渤海湾主产区不仅是我国的两大苹果优势产区，也是世界上最大的苹果适宜产区，面积和产量均占全国的80%。黄土高原主产区主要包括陕西、甘肃、山西三省和河南三门峡地区，产区面积和产量分别占全国的49%和43%。环渤海湾主产区包括胶东半岛、泰沂山区、辽南及辽西部分地区、河北大部和北京、天津两市，产区面积和产量分别占全国的31%和38%。

我国苹果产业具有明显的中国特色：一是最具代表性的劳动密集型优势产业，多年来在促进农民增收和区域经济发展等方面发挥了重要作用；二是呈现出“高投入、高产出”的双高特点，特别是东部沿海地区，苹果大量出口提高了产值水平，也推升了生产成本；三是产业发展模式比较单一，产业链条较短；四是生产标准化程度低，没有形成较完整的产业链和产业体系；五是由于经营模式、种植方式等的限制，苹果生产中对自然和生物灾害的抵御能力，特别是病虫草害防治技术还存在不足。

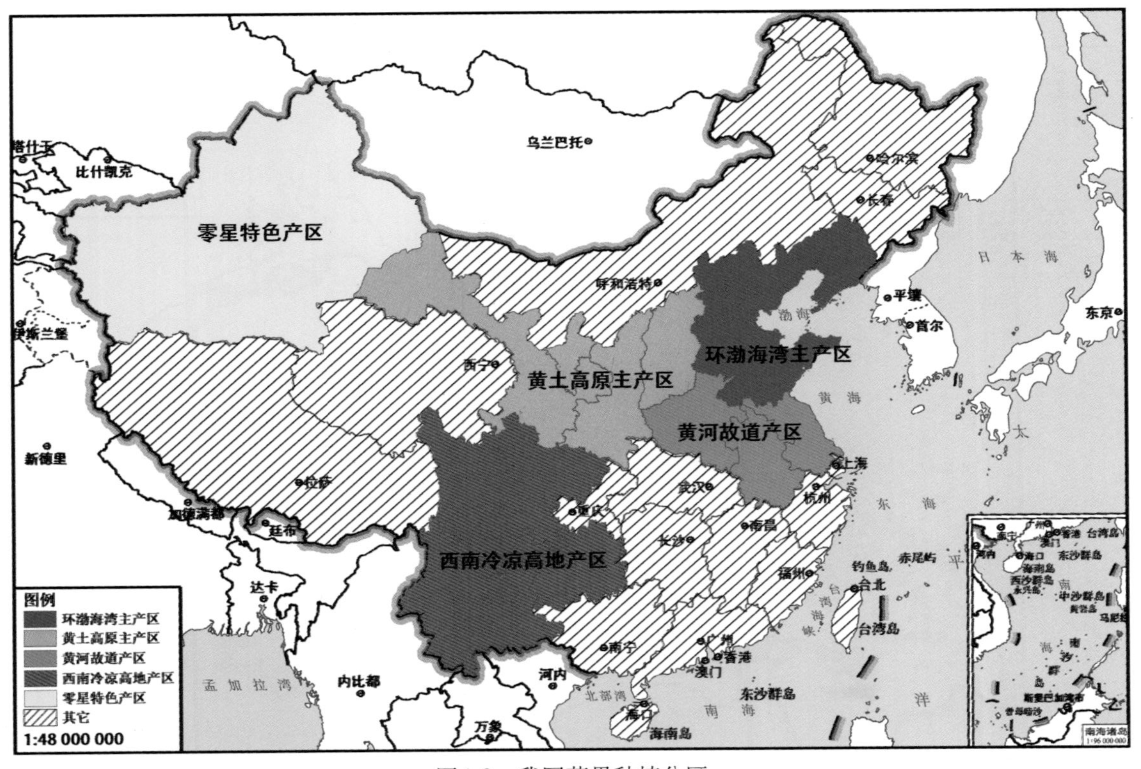

图1-2　我国苹果种植分区

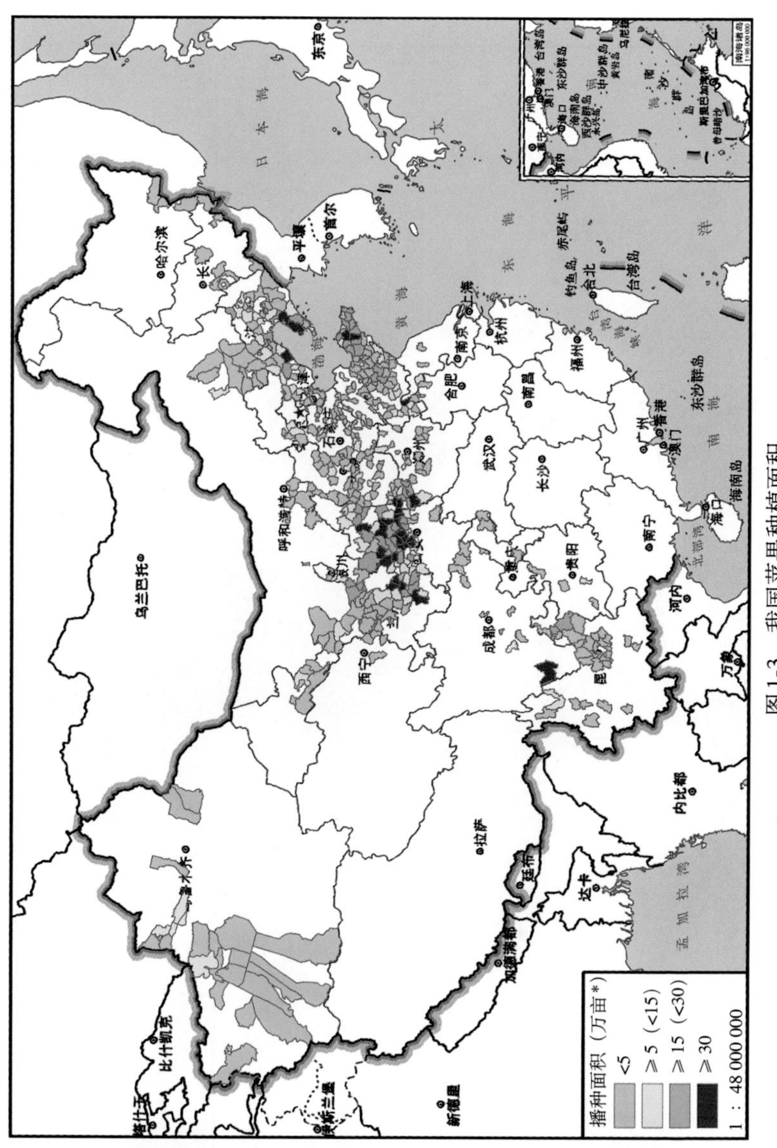

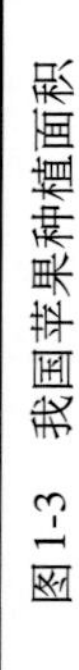
图1-3　我国苹果种植面积

*　亩为非法定计量单位，1亩≈667米^2，15亩＝1公顷。——编者注。

第一节　我国苹果的种植分布

根据苹果种植面积、集中程度和地理特点等，将我国苹果种植区分为5个产区，即环渤海湾主产区、黄土高原主产区、黄河故道产区、西南冷凉高地产区和零星特色产区。

一、环渤海湾主产区

环渤海湾地区是指环绕着渤海全部的沿岸地区所组成的广大区域，该区主要包括辽东半岛、山东半岛、京津冀三省二市。该区生态条件优越，适宜苹果生产，是中国苹果栽培最早、产量和面积最大、生产水平最高的产区，也是国家划定的两个苹果优势产业带之一。优势生产区域包括山东胶东半岛、泰沂山区，辽宁的辽西和辽南地区，以及河北的秦皇岛地区。主要发展着色系富士、短枝型元帅、乔纳金、金矮生等。渤海湾是三面环陆的半封闭性海湾，属于温带季风气候，最大的气候特征是季风气候显著，四季分明，春秋短促，冬寒夏热，夏季雨热同期，气温年变差大，雨季很短，集中在夏季，7月、8月降水量占全年的64%～68%，春季少雨，降水量的年际变化也很大。环渤海湾地区处于东北亚经济圈的中心地带，是中国北部的黄金海岸，社会经济发达，产业集成水平相对较高，区域内海陆空优势突出，出海港口、高速公路和铁路南北畅通、四通八达，交通极为便利，在中国对外开放的沿海发展战略中占重要地位，为苹果等农产品贸易与出口提供了优越的便利条件。最著名的有烟台苹果、栖霞苹果、威海苹果和沂源红等几大品牌产品。苹果产业已成为山东农业和农村经济的支柱产业、促进农民增收致富的有效途径、驱动二三产业发展的重要杠杆，对推动区域农业经济发展及农民增收起到了很大的作用。

二、黄土高原主产区

黄土高原在中国北方地区与西北地区的交界处，是世界上最大的黄土堆积区，高原上覆盖的黄土层厚度在50 ～ 80米。该区包括陕西、甘肃、山西以及河南的西部部分地区。该产区纬度较低，光照充足，昼夜温差大，雨量适中，是苹果优质产区。该产区苹果栽培品种主要是着色系富士、新红星、乔纳金等。该产区属暖温带大陆性季风气候，冬春季受极地干冷气团影响，寒冷干燥多风沙；夏秋季受西太平洋副热带高压和印度洋低压影响，炎热多暴雨。年平均降水量为466毫米，总趋势是从东南向西北递减，东南部600 ～ 700毫米，中部300 ～ 400毫米，西北部100 ～ 200毫米。以200毫米和400毫米等降水量线为界，西北部为干旱区，中部为半干旱区，东南部为半湿润区。黄土高原主产区是中国最大的集中连片苹果种植区域，其规模、质量、品牌知名度、市场占有率等居全国前列，是中国五大苹果产区中唯一全部满足适宜苹果生长7项气候指标的苹果优生区。该产区的陕西省也是我国外销苹果的重要基地，在世界苹果产业格局中具有重要地位。洛川苹果、延安苹果、白水苹果、陕西华圣等优质品牌享誉全球，产值千亿元，是区域农业经济的支柱产业、农民增收脱贫的主导产业。同时，该产区的陕西省的果园面积占到森林面积的13.8%，每年制造碳水化合物约530万吨，尤其是陕北山地苹果选择丘陵地和山坡地，为人工造林、涵养水源、减少水土流失、改善生态环境做出了重要贡献。

三、黄河故道产区

历史上黄河曾经多次改道，有记载的不下千次。现在所说的黄河故道主要指明清故道，包括河南东部、山东西南部、江苏北部和安徽北部等地。该产区地势低平，1月平均气温为－1.6 ～ 1℃，7月平均气温为27 ～ 28℃，年平均气温为13 ～ 15℃，年降水量为700毫升左右，日照时数为2 300 ～ 2 500小时，土壤为冲积沙土，土壤有机质少，偏碱，pH为7 ～ 8，属于苹果生产的次适宜区。该产区优势品种主要为红富士。河南灵宝市苹果是该区代表。灵宝市地处河南省豫西地区，属暖温带大陆性半湿润季风型气候，气候温和，四季分明，昼夜温差大，光照充足，紫外线强，雨量适中，海拔高，是适宜苹果生长地带之一。灵宝苹果酸度和甜度较高，甘甜可口，色泽鲜艳，味道纯正，已出口至俄罗斯、日本等几十个国家和地区。

四、西南冷凉高地产区

西南冷凉高地主要包括四川的川西地区、云南东北部、贵州西北部、西藏的昌都以南以及雅鲁藏布江中下游地带等。该产区纬度低，海拔高，垂直分布差异明显，年平均温度在10 ～ 13.5℃，年降水量为800 ～ 1 000毫升。产业基础差，多生产早熟苹果，主栽金冠、元帅和红星。云南昭通苹果是这一产区的代表。昭通苹果具有较北方产区早熟1个月的特点，上市早，有较大的市场空间和竞争优势。所产苹果可北上四川、重庆，东进贵州、湖南、湖北，南下广东、广西。近年来，昭通苹果已走出国门，出口泰国、缅甸、越南等国家，东盟自由贸易区的建设更为昭通苹果的出口提供了广阔的市场。

五、零星特色产区

上述地区中未涉及的其他苹果种植地区为零星特色产区。苹果栽培品种杂、面积小，在苹果产业中所占比重也较小。其中，新疆苹果种植历史悠久，具有鲜明的地域特色，加之浓郁的口感，得到了国内外消费者的青睐。新疆地区苹果生产主要集中在伊犁哈萨克自治州和南疆地区的阿克苏地区。阿克苏冰糖心苹果，果面光滑细腻、色泽光亮自然，皮薄肉厚，质地较密，味甜汁多，含糖量高，被称为新疆的“水果皇后”。伊犁苹果果肉呈黄白色，质地松脆，汁多，味酸甜，爽口润心，被誉为“果中之王”“果中西施”。此外，著名的地方品种还有阿波尔特、红蒙派斯、金塔干等。

第二节 我国苹果主产省种植区划及生态特点

我国苹果生产布局受产地温度、降水量、自然灾害、农业基础设施、运输基础设施、技术进步与农业政策，以及种植业内部比较收益综合作用的影响，主产区呈现出明显的“西移北扩”态势，目前已形成以陕西、山东、甘肃、河北、辽宁、河南、山西等省为主的地域分布格局。受篇幅限制，本书仅重点介绍有代表性的5个省的情况。

一、陕西省苹果种植分区及生态特点

陕西省苹果产区属于黄土高原苹果主产区，由北到南主要分为陕北山地苹果产区、渭北北部苹果产区和渭北南部苹果产区。集中种植在海拔高、光照充足、降雨适中、昼夜温差大的渭北黄土高原地区，丘陵沟壑纵横，土层深厚，是传统的农业生产区，无工业污染，产地生态环境条件优良，区位优势明显。

1. 陕北山地苹果产区

陕北山地苹果产区是近十年苹果北扩发展起来的，政府重视，政策、资金扶持力度大，虽然起步晚但发展较快。包括延安的宝塔、延川、延长、安塞、志丹、子长、吴起、甘泉，榆林的米脂、绥德、子洲、清涧等15个县（区）。该区域海拔较高，光照充足，昼夜温差大，但肥水条件较差。栽培的多是抗寒性较强的金冠、弘前富士、寒富等中晚熟品种，以乔化栽培为主。树龄多在10年以下。这一区域重点是落实好土肥水管理等健康栽培技术，实施病虫害绿色防控，生产高档果品。

2. 渭北北部苹果产区

该产区苹果发展起步早，管理水平高，是陕西苹果产区的核心区域，包括咸阳的旬邑、淳化、彬县、长武，渭南的白水、蒲城、富平、合阳、澄城，延安的洛川、富县、黄陵、黄龙、宜川等，铜川的耀州、印台、宜君等20个县（区）。该区域光热资源丰

富，水肥条件好，以富士、玉华早富等中晚熟品种为主，树龄多在20年以上，每亩45 ～ 60株，果实套纸袋。栽培模式以乔化为主，兼有部分间伐或大改形乔化园，矮砧集约栽培模式稳步发展。这一区域的果业发展基础最好，重点是肥水科学管理和病虫害绿色防控，追求优质果品。

3. 渭北南部苹果产区

包括咸阳的三原、礼泉、乾县、永寿，宝鸡的陈仓、凤翔、岐山、扶风、千阳、陇县、凤县，渭南的大荔、临渭13个县（区），该区域热量充足，水肥条件好，物候期早于渭北北部，早中熟品种居多，每亩80 ～ 100株，果实套膜袋和纸袋。栽培模式以自根砧矮化栽培为主。该产区是陕西主要的鲜食加工兼早熟型苹果生产基地。

二、山东省苹果种植分区及生态特点

山东省苹果产区分属于环渤海湾主产区和黄河故道产区，划分为胶东半岛苹果产区、泰沂山脉苹果产区和鲁西南苹果产区。

1. 胶东半岛苹果产区

该产区位于山东东部沿海，半岛突出于渤海、黄海之中，三面临海，地貌为低山、丘陵、山前平原，缓丘起伏。包括威海市全部，烟台的芝罘、莱山、福山、牟平、栖霞、莱阳、海阳以及蓬莱、招远、龙口、莱州的一部分和青岛的崂山、城阳、即墨的一部分。该区属暖温带湿润季风气候，因受大陆和海洋交替作用的影响，形成冬春干旱、夏季冷凉湿润、秋季较长的气候特点。

2. 泰沂山脉苹果产区

该产区位于山东中部，山地突起，平均海拔较高。包括沂源、蒙阴、新泰、平阴、长清、历城、章丘、博山、淄川、临淄等县（区）以及平邑、费县、泰安、莱芜的一部分。其中的沂源县是山东省平均海拔最高的县，素有“山东屋脊·生态高地”之称。属温带大陆性季风气候，四季分明，但夏无酷暑，冬无严寒，加之光照充足，昼夜温差大，生长季节气温较高，有利于中早熟品种提早成熟上市，有利于果品的着色和糖分的积累。

3. 鲁西南苹果产区

该产区位于山东西南部，低洼平坦，属于黄河故道，为平原区。包括枣庄大部地区、济宁、临沂部分地区，胶州、诸城南部、胶南、五莲、莒县、莒南、临沭及东港区。该区属暖温带东亚季风大陆性气候，四季分明，春季干旱多风，夏季高温多雨，秋季温和凉爽，冬季干冷少雪，是苹果生产的次适宜区。该区相对于胶东半岛产区的最大特点是物候期早，其果品主要占领国内早期市场。

三、甘肃省苹果种植分区及生态特点

甘肃省地处黄土高原、青藏高原和蒙古高原三大高原交汇地带，是山地型高原地貌。从东南到西北包括了从北亚热带湿润区到高寒区、干旱区的各种气候类型。甘肃苹果产区属于黄土高原苹果主产区，包括陇东高原产区，天水、陇南浅山丘陵产区，中部黄河流域产区，河西走廊产区，以及陇中丘陵产区和河西走廊等零星产区。

1. 陇东高原产区

该产区主要包括平凉的静宁、泾川、庄浪、灵台、崆峒、崇信和庆阳的庆城、西峰、合水、宁县、正宁、镇原等。该区是典型的旱作雨养黄土高原区，海拔较高，塬面广阔，土层深厚，气候温和，光照充足，昼夜温差大，是中国未来最重要的优质红富士苹果生产基地之一。

2. 天水、陇南浅山丘陵产区

该产区包括天水的秦安、甘谷、清水、麦积、秦州、张家川、武山和陇南的礼县、西和等。该区属暖温带半湿润半干旱气候，土层深厚，光照充足，昼夜温差大，雨水适中，冬无严寒，夏无酷暑，四季分明。这种独特的气候条件非常有利于苹果正常生长、着色，是全国最大的元帅系苹果集中产地。

3. 中部黄河流域产区

以黄河流域及洮河部分地区为主的中部地区，包括白银的会宁、靖远、白银、平川、景泰，兰州的红古、七里河、城关、皋兰，定西的通渭、陇西、漳县和临夏的永靖。该区海拔较高，土层深厚，光照充足，热量资源丰富，昼夜温差大，干旱多风，降雨少，病虫害轻。

4. 河西走廊产区

该产区包括河西走廊有灌溉条件的地区，该区适宜种植早中熟品种，由于冬季气候较寒冷，要采取防冬季“抽条”死株和春季花期低温霜冻危害的一切措施。

四、辽宁省苹果种植分区及生态特点

辽宁省属于环渤海湾苹果主产区，根据生态条件将其划分为渤海湾两侧产区，辽宁省西北部产区，辽宁省中南部、中部及中北部产区，辽宁省东部产区4个苹果生产区域。

1. 渤海湾两侧产区

该产区包括大连的旅顺口、金州、普兰店、瓦房店，葫芦岛的绥中及营口的南部；葫芦岛的兴城、建昌、南票、连山，锦州的凌海，营口的盖州，朝阳的凌源南部、朝阳南部。该区气候环境特点分为三种类型：第一种是1月平均气温－8℃以上，年降水量为600～700毫米，无霜期170天以上，生长季空气相对湿度中等及以下，土壤以沙壤土和草甸土潮土为主；第二种是1月平均气温－9℃以上，年降水量为500～700毫米，无霜期160天以上，主要为葫芦岛、锦州及营口地区；第三种是1月平均气温－8℃以上，年降水量为500～600毫米，无霜期170天以上，生长季空气相对湿度较大，苹果轮纹病发生较重，主要为普兰店地区，土壤以草甸土潮土为主。

2. 辽宁省西北部产区

该产区主要包括朝阳的凌源、喀喇沁左翼，锦州的义县等。该区气候环境特点为1月平均气温－10℃左右，年降水量小于500

毫米，无霜期150天以上，生长季空气相对湿度较小，土壤以草甸土潮土为主。

3. 辽宁省中南部、中部及中北部产区

该产区包括营口的大石桥，锦州的黑山，鞍山的海城、台安，辽阳的灯塔，沈阳的辽中、新民、苏家屯、浑南、于洪、沈北新区、康平、法库，阜新的清河门、彰武，抚顺的抚顺等地。该区域的气候环境特点主要包括两种类型：一是1月平均气温在－10℃左右，年降水量为500～700毫米，无霜期155天以上，土壤以草甸土潮土为主；二是1月平均气温－12℃以上，年降水量为500～700毫米，无霜期150天以上，土壤以棕壤土、棕壤草甸土为主，较肥沃，有机质含量较高。

4. 辽宁省东部产区

该产区包括大连的庄河，丹东的东港、宽甸、凤城，鞍山的岫岩，抚顺的新宾、清原，本溪的桓仁，铁岭的清河、开原、昌图、西丰。该区域气候环境特点根据无霜期长短分为两种类型：一种是1月平均气温－9℃左右，年降水量800毫米以上，无霜期160天以上，生长季空气相对湿度较大，土壤以草甸土潮土为主；另一种是1月平均气温在－12℃以下，年降水量为500～700毫米，无霜期低于150天，土壤以棕壤土、棕壤草甸土为主，土质较肥沃，有机质含量较高。

五、山西省苹果种植分区及生态特点

山西省地处黄土高原东部，境内土层深厚，土层最深可达百米以上，光照充足，光热资源丰富，是我国及世界苹果优势产业带的重要组成部分。山西省的苹果产区主要集中在运城、临汾和晋中地区，根据生态特点可分为早、中、晚品种三大优势栽培区域。即以着色系富士苹果为主要栽培品种的晋南盆地中晚熟苹果产区，以早中熟品种为主的中北部早中熟苹果产区，以元帅系苹果为主的早熟苹果产区。山西省苹果产区的生态特点是日照充足，海拔较高，昼夜温差大，雨量适中，全年日照时数在

2 200 ～ 2 950小时，平均海拔在1 000米以上，平均温度日较差为9 ～ 16℃，年平均降水量为510毫米。

1. 晋南盆地中晚熟苹果产区

该产区主要包括运城的临猗、万荣、平陆、芮城 、盐湖、河津等，临汾的曲沃、翼城、吉县 、襄汾 、隰县、尧都等。该区属半干旱半湿润季风气候区，属温带大陆性气候，气候特点是四季分明，雨热同期，冬寒夏热，夏季高温多雨，降雨集中。年平均气温为13.3℃，1月平均气温为－ 2.2℃，日照时数为2 039.5小时，无霜期200天以上。多年平均降水量为525毫米，降水量年际变化大，年内分配极不均匀。

2. 中北部早中熟苹果产区

该产区包括晋中、太原、忻州 、吕梁等地，汾阳、阳曲等最为集中。地处中纬度内陆黄土高原，属暖温带大陆性半干旱季风气候区。气候的基本特征为四季分明，春季干燥多风，夏季炎热多雨，秋季天晴气爽，冬季寒冷少雪，春、秋短促，冬、夏较长。由于受地形影响，气候带的垂直分布和东西差异比较明显，总体上热量从东向西递增，即西部平川高于东部山区；降水则自东向西递减，即东部山区多于西部平川。降水主要集中在夏季，形成雨热同季的气候，全年平均气温在4.3 ～ 9.2℃，年平均降水量为345 ～ 588毫米。

3. 早熟苹果产区

该产区主要包括临猗、盐湖、芮城、永济、万荣、平陆、襄汾、翼城、吉县、祁县等县（市、区）。秦冠、国光等其他老苹果品种在忻府 、临县、阳曲、介休等地还有一定的种植面积。该区属暖温带大陆性季风气候，春季干旱多风，十年九春旱；夏季气温凉爽宜人，降雨集中；秋季多连阴雨；冬季寒冷干燥。气候四季分明，光照充足，无霜期年均172天，年平均气温为10.2℃，年平均日较差为11.5℃，年平均降水量为522.8毫米。

第三节　我国苹果主产区产业发展概况

我国苹果产业经历了结构调整、提升品质、转型升级等发展，开始由规模产量型向质量效益型转变，区域布局和品种结构不断优化，标准化生产快速推进，成为了吸纳数千万从业者、强农富民的大产业。同时，苹果产业也是精准扶贫的产业抓手，有力地促进了农业发展、农村繁荣、农民增收。目前，苹果产业的发展主发有以下特点：①苹果产业布局进一步优化。根据区域农业资源禀赋、生态环境适宜性原则，结合苹果产业发展的基础，按照优生区、适生区、次生区三层级，不断优化苹果产业发展区划。②苹果产业转型升级发展。以三产融合为现代果业发展抓手，促进农业生产业、农产品加工业、农产品市场服务业深度融合，把果业发展和旅游、采摘、观光、休闲、养生和体验结合起来，促进产业升级。③苹果生产技术不断进步。苹果新品种选育、试验示范推广加快了新品种的市场化推广和产业化转型，老龄低效果园重茬更新与新旧模式转化技术、连作障碍克服技术、老园土壤修复与质量提升技术等进步促进了老龄低效老果园改造，苹果化肥、农药减量增效技术研究与示范促进了苹果高效平衡施肥和减药技术的普及。④互联网经济催生“互联网+果业”的新型苹果产业经营业态。互联网和新型零售等现代商业模式兴起，各类电商交易平台以及线下果品便利店迅速发展，催生了“互联网+果业”的新型苹果产业经营业态，融合政务信息服务、农业技术推广、电子交易平台和果品质量监管，促进了果业要素市场与产品市场的深度整合。

苹果病虫害防治是产业升级的重要内容之一。围绕病虫害综合防治、农药化肥减量增效等目标，加强示范引导，组织统防统治与绿色防控融合示范、蜜蜂授粉与病虫害绿色防控技术集成实践示范以及高效低风险农药与高效节药植保机械示范。加强农企合作，组织新型经营主体、病虫害防治专业化服务组织与农资生产企业对接，共建示范基地。加强培训宣传，充分利用各种媒体，宣传各地农药使用量零增长行动的好经验、好做法，增强农户科学用药意识。强化政策扶持、示范带动、科技支撑、机制创新、督查指导，保障果业生产安全、质量安全和生态环境安全。大力推广科学高效节药植保机械和低风险农药的同时，强力引导果业生产技术升级，加快果业绿色转型。

在我国的苹果产区中，黄土高原主产区和环渤海湾主产区的产业发展最有代表性。

一、黄土高原苹果主产区产业发展概况

黄土高原苹果主产区自20世纪80年代以来，经历了结构调整、提升品质、转型升级等发展飞跃，成为农业领域覆盖面最广、从业人数最多、收入增长贡献最大的朝阳产业，成为强农富民的支柱产业。随着果业提质增效工程规划实施和苹果“北扩西进”战略实施，苹果产业开始由规模产量型向质量效益型转变，区域布局和品种结构不断优化，标准化生产快速推进，产业化配套设施和技术不断完善。转型升级期间，先后实施了大改形、强拉枝、巧施肥等关键栽培技术，建立渭北北部老园改造示范区；发展矮砧宽行密植、纺锤树形篱架栽培、全程现代机械化水肥管理等矮砧苹果的标准化示范；病虫害防控也经历了由化学药剂防治到单项绿色防控技术试验示范再到绿色防控技术集成示范的过程。

以陕西为例，省委办公厅、省政府办公厅联合印发了《关于实施“3 + X”工程加快推进产业脱贫夯实乡村振兴基础的意见》，实施农业特色产业“3 + X”工程，大力发展以千亿级苹果为代表的果业，到2020年，全省苹果种植面积达到1 200万亩，重在优布局、提品质，促进苹果产业转型升级和提质增效。

1. 合理产业布局，优化品种结构

产业布局方面，打造渭北、陕北和关中三大苹果产业板块，引导苹果生产基地向品种优生区和适生区集中，推动陕西果业区域化布局，规模化、专业化发展。在稳定发展渭北苹果板块的基础上，着力推进农业部《苹果优势区域布局规划(2008—2015)》中

确定的28个优势基地县提质升级。立足渭北黄土高原继续实施"北扩西进"战略，扩大陕北、关中苹果种植面积。积极推广矮化密植苹果种植品种和模式，做好乔化果园的提质增效。

渭北北部苹果产业带，重点发展富士系、华冠和具有自有知识产权的新品种如瑞阳、瑞雪、秦脆等晚熟、中晚熟鲜食品种，南部区域适当增加嘎拉等中熟品种的比例，以乔化和矮化中间砧栽培模式为主，有灌溉条件的地区积极稳步发展矮化自根砧集约栽培模式。陕北山地苹果产业带，重点发展抗寒性较强的金冠、玉华早富和寒富等中晚熟品种，以乔化栽培模式为主，积极发展矮化中间砧栽培。渭北南部苹果产业带，重点发展富士冠军、嘎拉等早熟、中熟品种，适度发展澳洲青苹果等加工品种，以矮化自根栽培模式为主，大力示范、推广矮化宽行栽培模式。

2.转变生产方式，规范肥药管控

果树一旦栽植到地里，土壤肥水管理、整形修剪、病虫害防治等栽培管理措施就贯穿果品生产全过程，其中病虫害防控占到了生产过程中的70%以上。病虫害发生与土肥水管理、整形修剪、气候条件等密切相关，其发生程度、发生时期等年度间差异明显，防治技术难把握，就成为生产过程中的主要问题。当前，随着农村劳动力缺乏和劳动成本上升，原来的精细管理逐渐难以适应现代果园规模化发展的需要；同时，生态健康安全果品的理念越来越深入人心，消费者对果品品质的要求越来越高。这就要求果品生产也要向省力化、生态化、绿色化方向发展。在绿色生态发展理念引导下，国家启动实施了重点研发计划——"苹果化肥农药减施增效技术集成研究与示范"专项行动，产、学、研、用联合攻关，协同创新，促进苹果化肥农药双减技术的研究与大面积示范应用实践。

（1）栽培模式向省力化转变。更多地利用现代农业机械，通过农机农艺配套，最大限度地实现省力化栽培。根据不同区域的立地条件，选择适宜的栽培模式，新建园采用矮砧、宽行距、密株距的栽培模式，传统乔化园可通过间伐改造，培养高纺锤形结果树形等，便于果园开沟施肥一体机、果园自走风送式喷雾机、果园除草机等现代农业器械的应用。传统的苹果树精修细剪，如树形修剪、拉枝、疏花、疏果、套袋、摘叶、摘袋、转果等一系列工作，将逐渐被机械化修剪、机械化打药、机械化采收、肥水一体化等代替。

（2）土肥水管理向生态化转变。通过鼓励使用有机肥、测土配方施肥、精准施肥、增施生物菌肥、肥水一体化等，实现土壤和肥水管理的生态化、精确化。针对果园土壤有机质含量低的问题，增施有机肥，改变清耕制观念，推广果园行间生草、树盘覆盖防草地布等技术，提升土壤肥力，涵养自然天敌，改善果园生态系统和微环境。增施生物菌肥，改善果树根际土壤的有益微生物菌群，形成可持续发展的良性循环系统。针对肥料利用率低、化肥过度使用等问题，推广应用精准肥水一体化技术、袋控缓释肥或包膜控释肥技术，利用土壤智能化监测等手段，动态评价树体营养与土壤养分指标，根据果树不同品种的需肥特点、果树不同生长期需水需肥规律、土壤环境和养分含量状况等，进行不同生育期的需求设计。利用滴灌、渗灌、微喷灌等肥水一体化技术形式，将灌溉与施肥融为一体，借助压力系统，把果树需要的水分、养分定时定量按比例，通过可控管道系统直接施入果树根系生长区域，使果树主要根系土壤始终保持疏松和适宜的含水量，实现施肥、灌溉精准化、机械化和自动化，减少化肥使用量，提高化肥使用效率。

（3）病虫害防控向绿色化转变。果树病虫害防控是果品生产体系中的核心内容，但因为病虫害种类多、危害损失重、防治技术不易掌握等，一直是果树生产中的难题。预防为主，绿色防控，未来的病虫害防控将不再依赖单纯的化学药剂防治，而是向绿色化、规范化、集约化发展。自2006年“绿色植保”理念提出后，通过各级农业植保技术部门十多年的努力，病虫害绿色防控技术日趋丰富，在重视作物土肥水管理等健康栽培的基础上，由单一病虫向多病虫、由单项技术向全程集成技术转变。

首先，进一步加强不同区域苹果主要病害发生和流行规律的研究，明确不同主产区的主要病虫害及其发生规律，利用网络信息化技术建立快速的病虫害预测预报和预警系统，把握关键防治时期，为有效防控病虫害提供依据。

其次，不断研究开发有效的生态调控、免疫诱抗、生物防治、理化诱控等绿色防控技术，探明针对不同产区主要病虫害的单项绿色防控技术及技术组合。如超敏蛋白、寡糖·链蛋白、氨基寡糖素、香菇多糖等植物诱抗剂的应用技术，植物源农药、微生物农药、昆虫致病性线虫、微生物次生代谢产物等生物农药的应用技术，有益昆虫赤眼蜂、捕食螨等寄生性和捕食性天敌的工厂化繁育和田间释放技术，金纹细蛾、苹果卷叶蛾、梨小食心虫等昆虫性信息素的诱捕和迷向防治技术，杀虫灯、粘虫胶、诱虫带等物理诱杀害虫技术，建立在监测预报基础上的对症用药、精准用药技术，高效绿色、环境友好型化学药剂及其药剂组合优化技术，高效、节药、节水的果园自走风送式喷雾机等现代施药器械应用技术等。

最后，在田间熟化单项绿色防控技术应用关键环节、减药控害效果和适用性的基础上，制订“统一监测、技术配套、分区治理”的防控策略，建立“健康栽培为基础，‘免疫诱抗＋理化诱控＋生物防治’为主体，化学药剂应急防治”三道防线。根据陕西渭北北部、渭北南部和陕北山地3个不同种植区域、栽培模式、管理水平、主攻防治对象及其发生特点的差异，因地制宜地选择区域主推技术和配套技术，达到技术体系与生态区域配套、药剂防治与现代器械配套，集成创新以“基数控制、免疫诱抗、理化诱杀、药剂组合、高效器械”为核心的全程绿色防控技术模式并示范推广应用，尽可能减少化学农药的使用，生产优质、安全、绿色果品，以促进生态环境的改善和保护人类健康。

二、环渤海湾苹果主产区产业发展概况

环渤海湾苹果主产区的苹果产业已经成为农业和农村经济的支柱产业，是促进农民增收致富的有效途径，是驱动二、三产业

发展的重要杠杆，对推动区域农业经济发展及农民增收起到了很大的促进作用。产区围绕农业供给侧结构性改革，以现代矮砧集约栽培苹果园建设为切入点，推行省力化、机械化、自动化现代苹果矮砧密植生产模式，大力推动传统产业转型升级，加快新旧动能转换，着重加强标准化果园、采后处理、仓储物流和精深加工等设施建设，同时注重果树生态效益、果园沃土养根壮树与节水栽培等，以保障苹果产业的可持续发展。

1. 优化品种结构，注重质量发展

环渤海湾苹果主产区作为我国发展较早的苹果产区，苹果品种结构不够合理。一方面是早、中、晚熟品种分配不合理，另一方面是鲜食与加工品种比例不合理。随着供给侧结构性改革的发展和苹果产业发展规划的实施，品种结构方面也逐渐进行调整，重点是围绕果品市场需求进行生产，逐步改变以富士为主的品种结构，实现早、中、晚熟品种配套，加工与鲜食品种比例协调的目标，从而改变苹果熟期过于集中和鲜食品种过剩的不利局面。大力提升市场竞争力，稳定面积，优化布局，调整结构，提高质量，扩大出口，努力提高产业的整体素质和经济效益，实现果品生产由数量大区向强区的跨越。如山东省通过实施标准化果园建设等项目，果树产业逐步转向优质高效的标准化发展方向，使果树面积扩张态势得到遏制，苹果种植面积明显下降，总体实现了由数量扩张型向质量效益型的转变，苹果单产水平和果品质量得以显著提升。

2. 改进栽植技术，提高管理水平

由于该产区绝大部分果园推广的是乔砧密植栽培模式，经过近30年的发展，大部分果园出现无法控制树体生长的问题，显现出管理成本增高、病害增多等一系列弊端。近年来，随着苹果现代矮砧密植栽培技术的引进，环渤海湾苹果主产区改进栽植技术、推广矮砧密植苹果园建设，成为引领苹果转型升级的技术核心。该技术从苹果品种选育和评价、苗木培育和认证、果园种植和管理到苹果生产主体和形态等，形成一整套完整的苹果现代栽培技术，对传统苹果产业产生着巨大的影响。该技术适合同一品种的集中栽植，便于目标化、规模化管理，以提高果园田间工作效率，降低劳动成本。为推动果园绿色发展、实现农药的减量增效，山东苹果主产区分别在苹果生产、果品营销加工和品牌建设方面提升管理水平。在生产方面，通过不断完善以苹果矮砧集约栽培模式为核心的绿色发展体系，大力推广矮化集约建园模式和现代生产技术规程，有效提高了苹果产量和质量。在营销加工方面，通过建立大型专业果品拍卖市场、电商平台等，促进苹果的国内外销售。在品牌建设方面，积极构建知名品牌文化体系，积极申请国家地理标志产品保护、国家地理标志证明商标、中国驰名商标等，打造品牌苹果。

3.加强病虫害防治，促进绿色发展

控制病虫危害是获取果品丰产优质的重要条件。环渤海湾产区是苹果主产区，也是苹果病虫害的多发区，常年有30余种主要病虫害给苹果生产造成危害，需要予以防治控害。加强苹果病虫害防治技术研究、开展苹果病虫害绿色防控是苹果产业健康可持续发展的重要保障。

该产区的病虫害防治主要依赖化学防治，从近年果园植保现状调查情况看，大多果农仍保留着“见病就防、见虫就治”的传统防治习惯，对果树病虫害基本以农药防治为主。为适应国家供给侧结构性改革和果茶等特色农产品优势区发展要求，积极开展果树病虫害绿色防控工作，以农业农村部果菜茶病虫害全程绿色防控试点、苹果农药减施增效技术大面积示范与推广、蜜蜂授粉与绿色防控技术集成等为突破口，加大果树病虫害绿色防控技术培训、宣传与推广。同时积极与有关的绿色防控协会与企业联合，拓展农企合作共建模式，探索果树病虫害绿色防控技术模式，建设苹果病虫害绿色防控示范园，以推动苹果病虫害绿色防控技术的发展。当前，采用的主要绿色防控技术包括生态调控技术、农业栽培技术、害虫诱杀技术、生物防治、植物免疫诱抗技术和科学精准用药技术等。

第四节　我国苹果主要病虫害发生分布

苹果是多年生作物，在我国种植分布广泛，不同区域生态条件各异，病虫害种类多。据记载，苹果病虫害有438种，其中病害90种、虫害348种，经常发生危害的约50余种。部分病虫害发生范围广、危害损失重，如腐烂病在历史上有4次大爆发，曾造成辽南、黄河故道产区 49%的死树率，2/3果园被毁；20世纪80年代，因桃小食心虫危害，产量损失达90%；金纹细蛾自20世纪90年代至今持续危害严重。根据近年来苹果主产区的情况，在全国发生范围大、危害重、面积超过500万亩的主要病虫害有腐烂病、轮纹病、褐斑病、白粉病、斑点落叶病和黄蚜、金纹细蛾、桃（梨）小食心虫、叶螨、苹小卷叶蛾等。

据统计，我国苹果病虫害常年发生面积超过1亿亩次，造成苹果产量潜在损失600多万吨。为控制这些病虫的危害，需要采取各种措施进行多次防治，一般年份全国统计防治面积也可达1.5亿亩次以上，可挽回产量500万吨左右。

以2018年为例，全国主要苹果病虫害种类及发生面积和分布见图1-4至图1-14（图中数据源自植保专业统计）。

这些病虫害的发生特点可归纳如下：

一是常见病虫持续危害，但区域间发生程度有所差异。苹果树腐烂病、苹果轮纹病、苹果褐斑病、苹果白粉病、苹果斑点落叶病及蚜虫、叶螨、金纹细蛾等在各大产区连年发生、普遍危害，但黄土高原主产区苹果树腐烂病的发生程度重于环渤海湾主产区，而环渤海湾主产区的苹果轮纹病（枝干）发生程度重于黄土高原主产区。

二是部分次要病虫害危害逐渐加重。受栽培管理、气候条件、防治用药等因素影响，各主产区病虫害种类和发生程度逐渐发生演变，苹小卷叶蛾、球坚蚧、梨圆蚧、天牛、梨冠网蝽、顶梢卷叶蛾等原来零星发生的病虫危害逐年上升。陕西渭北北部产区叶螨种群发生变化，苹果全爪螨种群数量逐年上升，由原来的山楂叶螨危害为主转变为山楂叶螨和苹果全爪螨共同危害。不套袋果园中苹果炭疽病、轮纹病等危害加重。

三是一些潜在风险性病虫害威胁加大。炭疽叶枯病发病初期只在嘎拉等早熟苹果品种上发生，2018年秦冠品种上也有发现，对富士等晚熟品种可能存在潜在威胁；苹果绵蚜、二斑叶螨、银纹潜叶蛾及疫腐病在局部零星发生，有逐渐扩大的风险；不套袋果园中桃小食心虫、梨小食心虫等蛀果性害虫的危害明显抬头。

除上述全国各主产区较为普遍发生的病虫害外，病毒病等在一些果区也发生较重，主要是建园时无毒苗木的选择把关不严或修剪时不注意导致。

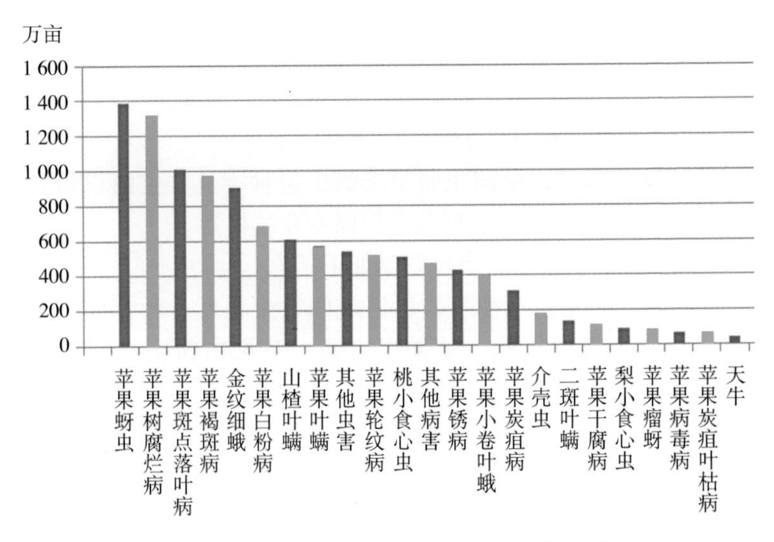

图1-4 全国苹果主要病虫害发生面积（2018年）

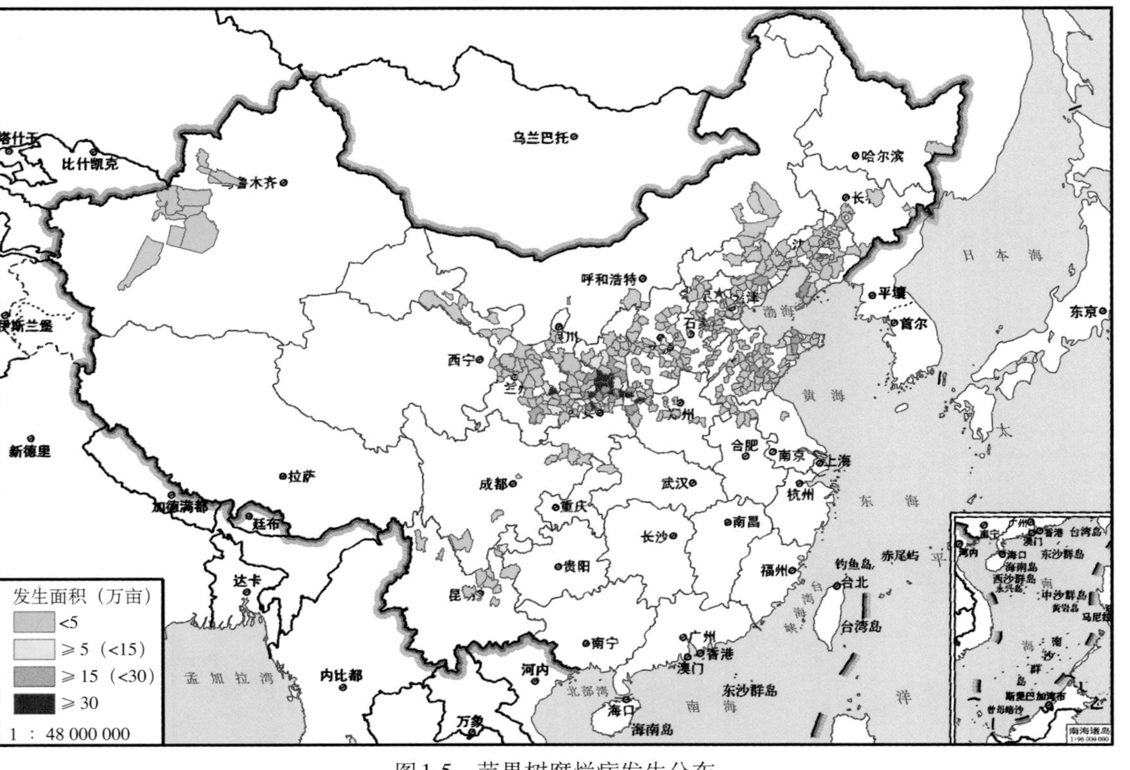

图1-5　苹果树腐烂病发生分布

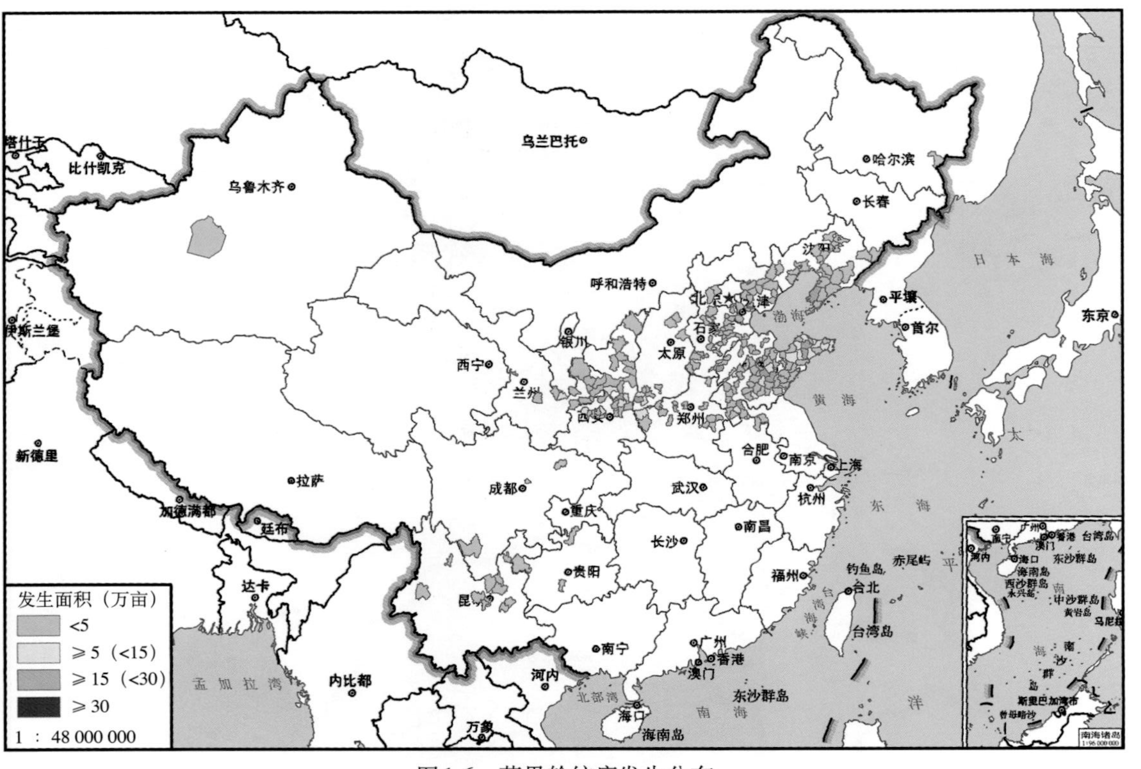

图1-6　苹果轮纹病发生分布

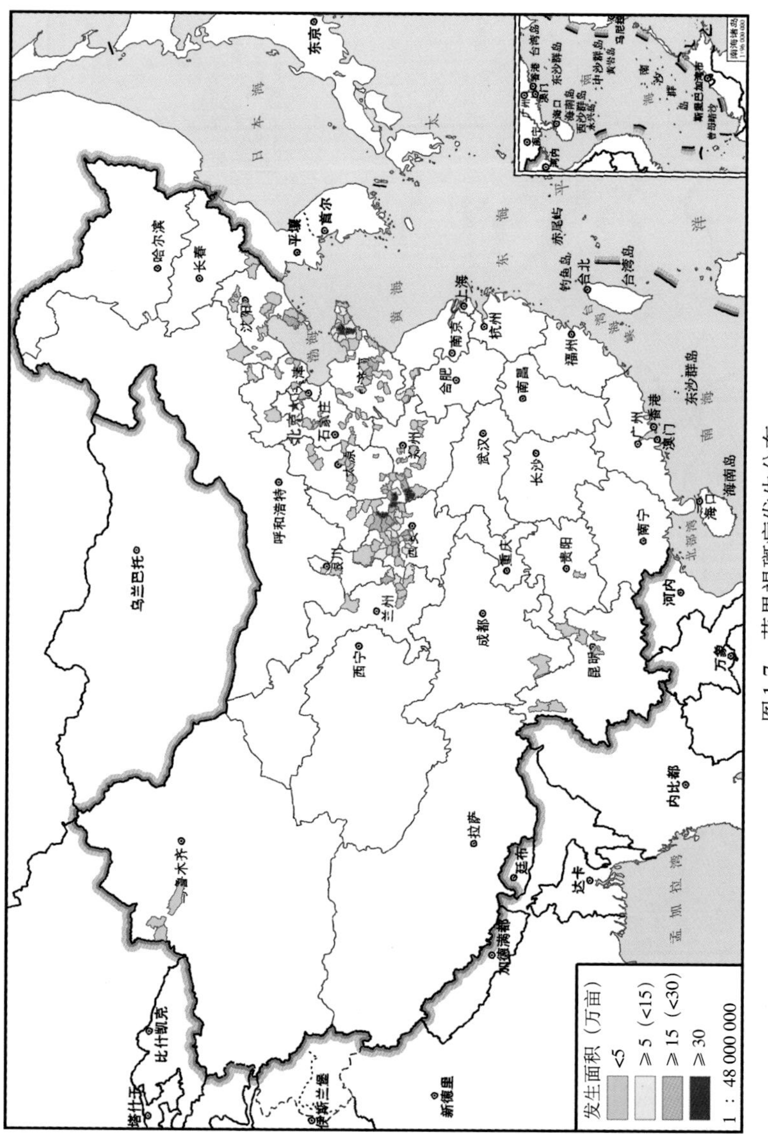

图1-7　苹果褐斑病发生分布

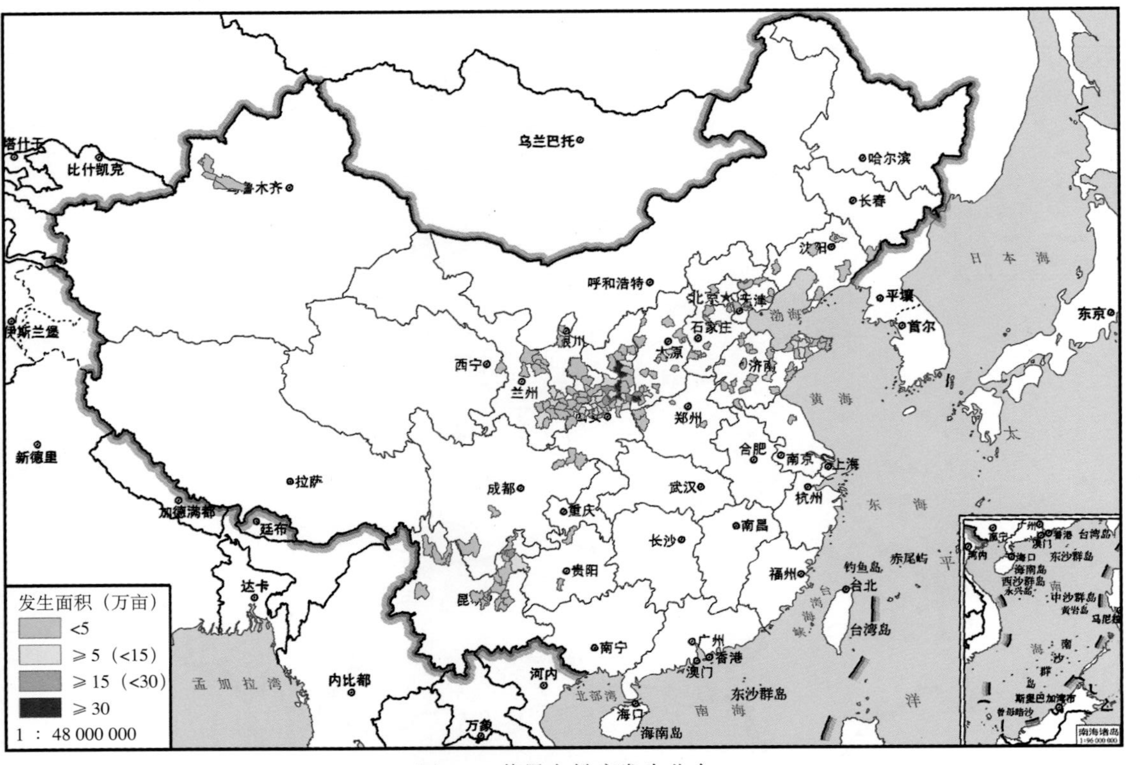

图1-8 苹果白粉病发生分布

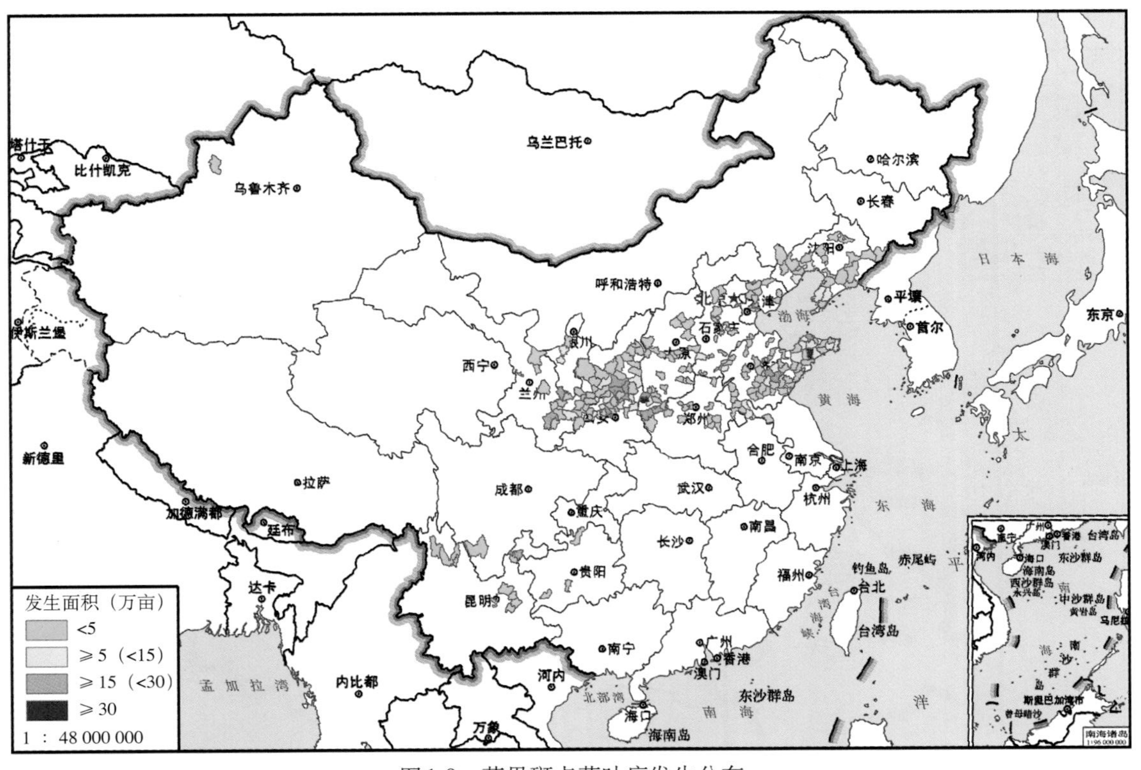

图1-9　苹果斑点落叶病发生分布

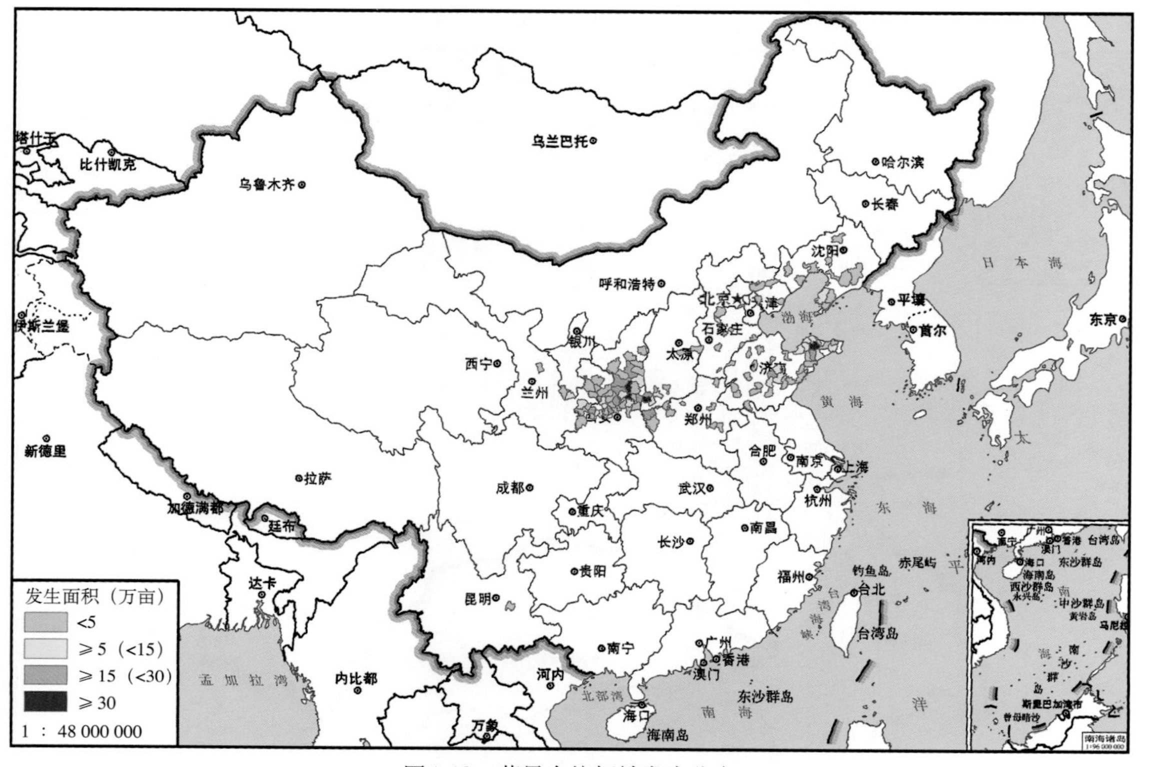

图1-10　苹果金纹细蛾发生分布

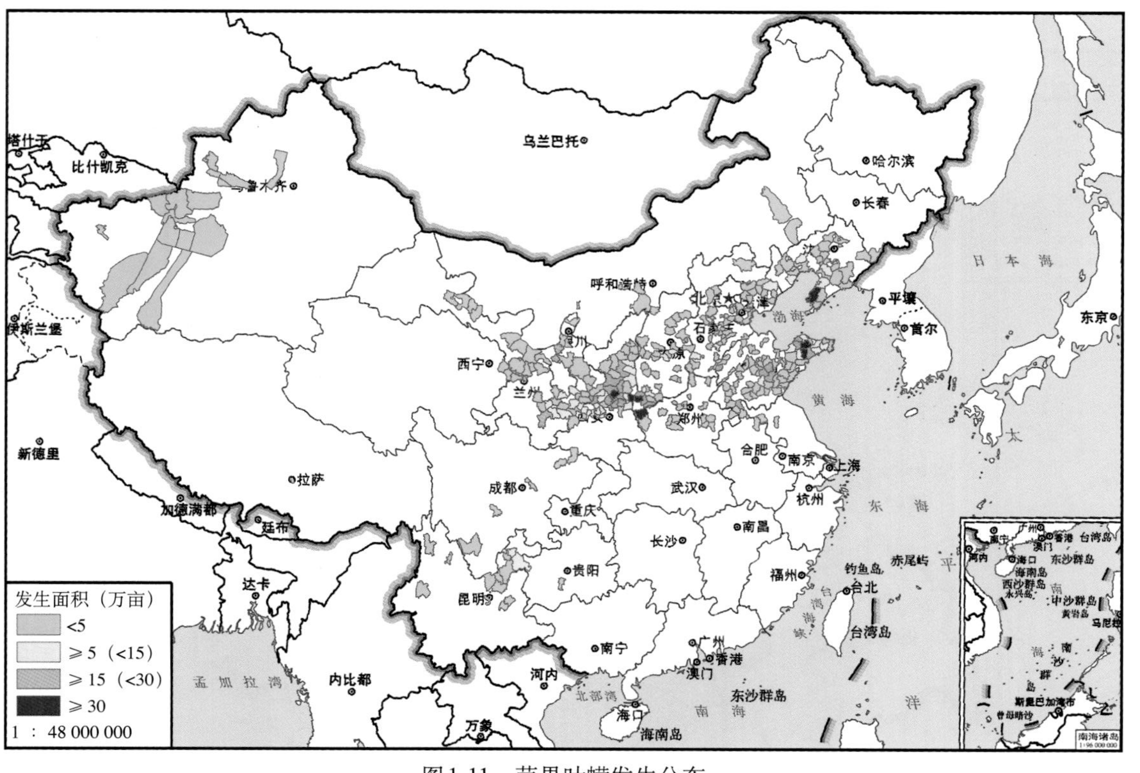

图1-11　苹果叶螨发生分布

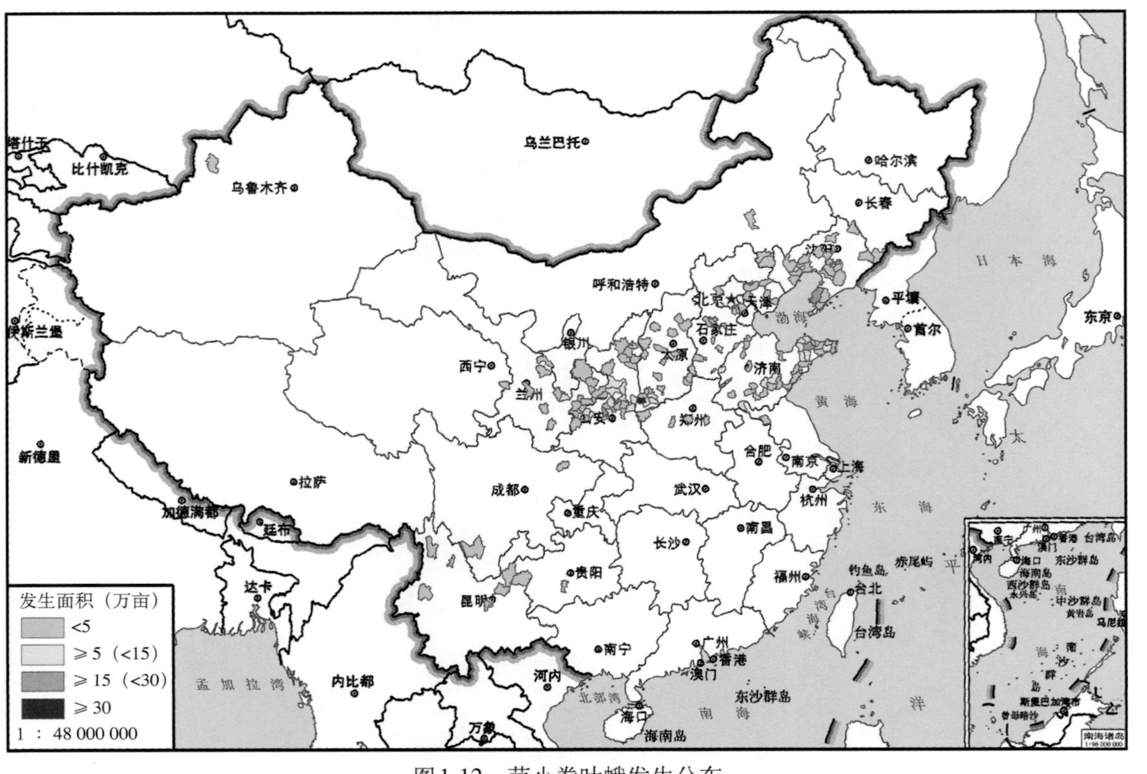

图1-12　苹小卷叶蛾发生分布

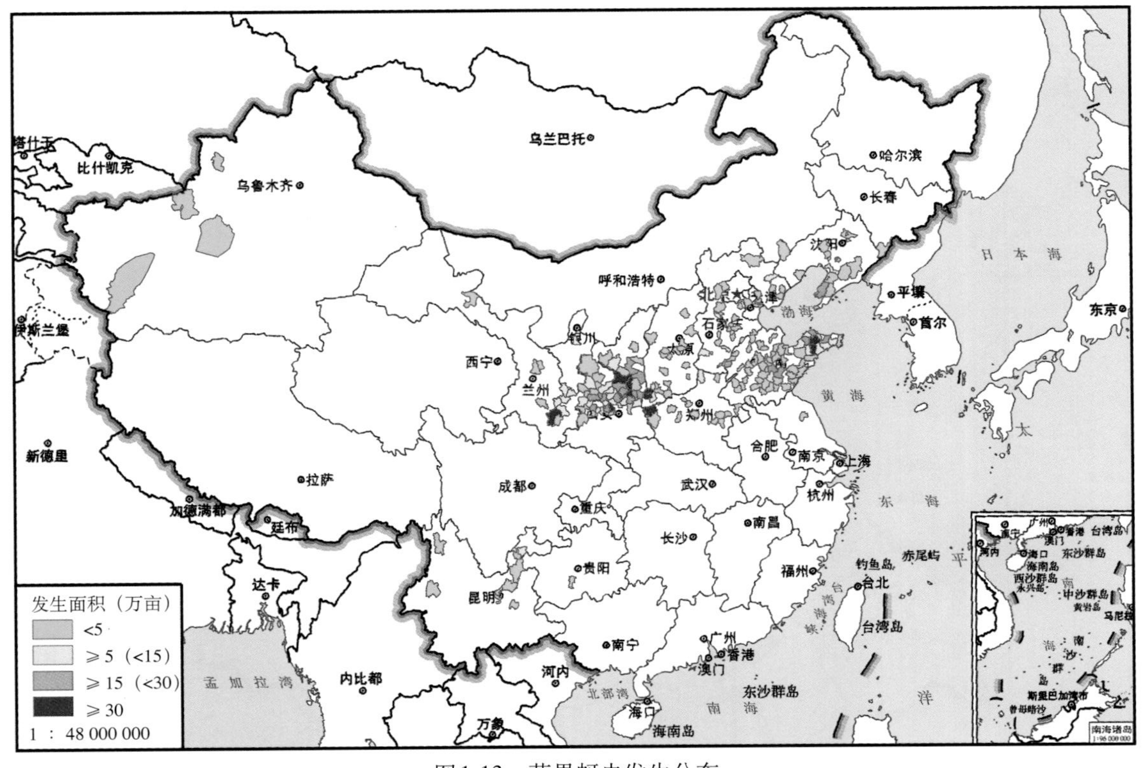

图1-13　苹果蚜虫发生分布

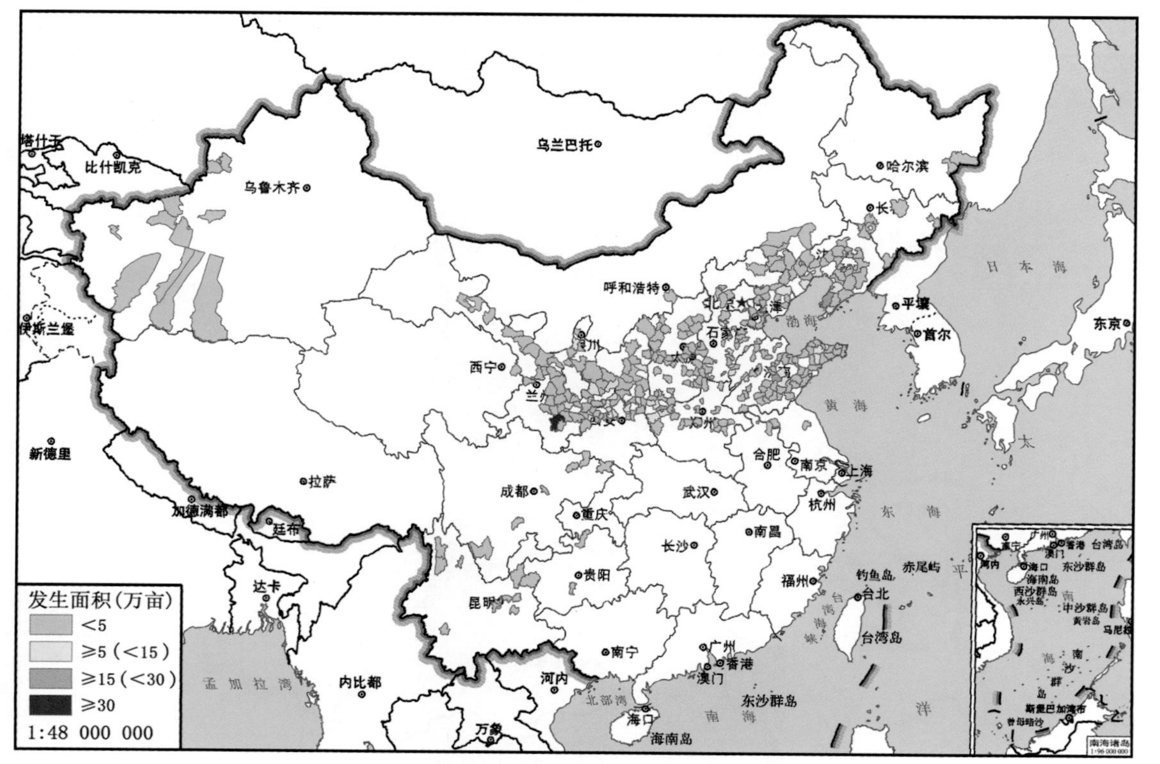

图1-14 桃小食心虫发生分布

苹果主要病虫害识别与防治要点

第一节　主要病害识别
第二节　主要害虫识别

第一节　主要病害识别

病害按照危害部位常归类为枝干病害、果实病害、叶部病害和根部病害等。枝干病害如苹果树腐烂病、干腐病和枝干轮纹病等，常造成死枝、死树、树势衰弱，尤以苹果树腐烂病发生面积大、范围广、危害重，是造成毁园的主要病害之一。果实病害主要有轮纹病、炭疽病、霉心病、疫腐病等，造成果实腐烂，使其失去商品价值。叶部病害主要有早期落叶病、白粉病、锈病、炭疽叶枯病等，尤以褐斑病和斑点落叶病发生危害普遍，严重时常造成早期落叶。根部病害多为零星发生，常见的有圆斑根腐病、根朽病、紫纹羽病、白纹羽病等，但因其主要发生在果树地下部位，一般很难及时发现，极易造成死树。锈果病、花叶病为系统性病害，由类病毒或病毒引起，多慢性危害，没有有效的治疗方法，只能进行预防。此外，还有生理性病害如苹果苦痘病、小叶病、水心病等。

一、苹果树腐烂病

苹果树腐烂病俗称烂皮病，病原为苹果黑腐皮壳菌（*Valsa mali* Miyabe et Yamada），属子囊菌亚门真菌，除危害苹果外，还危害梨、桃、樱桃及苹果属等多种落叶果树。

1. 危害症状

图2-1　秋季新发病斑（病组织仅限表皮）

表现为溃疡型和枝枯型两种症状。溃疡型病斑多发生在果树主干和大枝，发病初期病部树皮表现红褐色、稍湿润、指甲大小的病斑，后发展为圆形至长圆形、质地松软、易撕裂的病斑，病组织仅限表皮（图2-1），呈红褐色腐烂，手压凹陷，流出黄褐色汁液，有较浓酒糟味；剥开病皮，木质部浅层常变红褐色（图2-2）。后期病部失水干缩，病斑表面长出小黑点，潮湿时小黑点可涌出黄褐色的卷须状物（图2-3）。枝枯型病斑多发生在2～5年生小枝、果台、干桩等部位，病斑边缘不清晰、不肿起、不呈水渍状，感病枝条迅速失水干枯，病皮容易剥离，后期病斑表面密生小黑点（图2-4）。

图2-2　春季溃疡型病斑（整个皮层组织呈红褐色腐烂）

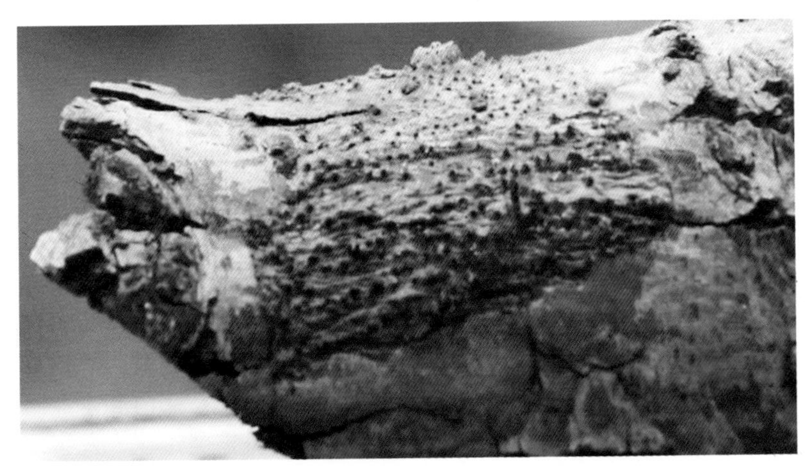

图2-3　7月降雨后腐烂病病斑处涌出黄色细卷丝状孢子角

图2-4　枝枯型症状

2. 发生规律

病菌以菌丝体、分生孢子器和子囊壳在田间病株和病残体上越冬。病菌耐低温（0 ~ 5℃），酸性条件（pH3 ~ 4）有利于其生长发育。病菌有潜伏侵染特性，在果园广泛存在，健康树无症带菌率高达54%，落皮层（粗翘皮）、各种伤口、枯死的芽眼、叶痕、皮孔等带有死亡或衰弱组织的部位都有潜伏。主要通过风雨传播，修剪枝和病残体是病菌分生孢子主要来源，分生孢子周年产生、释放（28万个/厘米^2），传播数量巨大，传播高峰期为苹果萌芽至幼果期，占全年的72%。树皮细胞间隙、皮孔等处是分生孢子入侵的主要途径，无伤入侵占发病总数 69%；其次是从各种微小伤口侵入。

苹果树腐烂病发病周期开始于夏季，幼果期为病菌侵入适期，果实膨大后期开始出现表面溃疡，冬季果树休眠而病菌继续向树体深层扩展；第二年早春气温上升后发病率激增，果树萌芽至花后坐果期是病斑扩展最快的时期；晚春苹果树生长旺盛，病菌活动停顿，一个发病周期结束。一年有果树萌芽至开花前和果实采收至休眠前两个发病高峰期，春季高峰期病斑扩展迅速，危害严重，常造成死枝、死树。

3. 流行条件

无症状枝条带菌率高、病菌通过各种微小伤口入侵、病斑下木质部带菌，是导致病害反复发生的主要原因。树势影响苹果树腐烂病的发生程度，栽培管理精细、树势健壮、营养条件好的果树发病轻。有机肥施用少，尤其是磷钾肥供应不足有利于苹果树腐烂病发生。冻害严重、树体营养不平衡、结果量过大、“大小年”现象严重、修剪不当或过重、伤口过多、病虫害大发生后树体营养积累差等削弱树势的因素，都能加重苹果树腐烂病的发生(图2-5、图2-6)。

图2-5　修剪枝（菌源）堆放处的邻近树发病重

图2-6　修剪时留茬过高致腐烂病从剪锯口侵染

4. 防治要点

改春季刮治为夏季预防，清除侵染源，阻侵入，抗扩展。实施健康栽培管理，增施有机肥、菌肥、钾肥等，适时灌溉保墒和排水，合理负载，因树定产，剪锯口、环割口等伤口及时涂药保护。清除侵染源，清洁果园，修剪枝、病残体及时清理运出园外销毁，或集中堆放并外覆薄膜，防止病菌孢子传播。幼果期对果树主干大枝涂刷或喷淋戊唑醇、苯醚甲环唑、甲基硫菌灵、辛菌胺醋酸盐等药液1 ~ 2次，间隔期为15天，预防病菌入侵，阻止其浅层定殖形成溃疡。开花前、幼果期叶面喷施氨基寡糖素等免疫诱抗剂各1次，提升树体对潜伏病菌的抵抗力。采果后落叶前全树喷施杀菌剂，对新发病斑刮除表面溃疡后涂药治疗。

二、苹果干腐病

苹果干腐病又称胴腐病，病原为贝氏葡萄座腔菌（*Botryosphaeria berengeriana* de Not.），属子囊菌亚门真菌，除危害苹果外，还危害梨、桃、樱桃、杏等多种仁果类和核果类果树。

1. 危害症状

一般多是衰老树和定植后管理不善的幼树发病。该病主要危害主枝和侧枝，引起干腐型和溃疡型两种病斑。干腐型病斑病健部交界明显，病斑紫褐色至暗褐色（图2-7），干硬，不规则，扩展迅速，致使全枝干枯死亡，病枝表面密生灰褐色小粒点（图2-8），潮湿时溢出灰白色的孢子团。溃疡型病斑表面湿润，形状不规则，常有茶褐色黏液溢出，仅皮层组织腐烂，木质部仍为白色

图2-7　病枝条上的红褐色带状疤斑

图2-8　病枝表面密生灰褐色小粒点（分生孢子器）

纤维（区别于苹果树腐烂病），后期病部干缩凹陷，病健交界处常开裂，病斑表面有纵横裂纹，其上密生小黑点，有时病斑沿枝干纵向发展，形成长条形病斑，发病严重时多个病斑相连，造成浅层树皮大片坏死。

2. 发生规律

病菌以菌丝体、分生孢子器和子囊壳在发病部位越冬。越冬后菌丝体开始活动，春季继续扩展，病菌孢子借风雨通过伤口、死亡的枯芽和皮孔侵入传播。5～11月均可发病，以幼果期（6～8月）和采果前后（10月）发病重。干腐病病菌有潜伏侵染特性，苹果树皮普遍带菌，当树体衰弱时，潜伏病菌即侵入扩展；树皮水分含量低于正常情况时，病菌扩展迅速。

3. 流行条件

田间发病与降雨关系密切，干旱季节和干旱地区发病重。病虫害发生导致树势衰弱易发病；衰弱的老树、管理不善的幼树、缓苗期的幼树易发病，土壤瘠薄、地势低洼易受涝害的果园发病重；树体伤口多、冻伤严重的树易发病。

4. 防治要点

同苹果树腐烂病。

三、苹果轮纹病

苹果轮纹病又称粗皮病、疣皮病、轮纹褐腐病、轮纹烂果病，是由葡萄座腔菌［*Botryosphaeria dothidea*（Moug.：Fr）Ces.et De Not.］引起的真菌性病害，除危害苹果外，还危害梨、桃、李、杏、海棠、山楂等多种果树。

1. 危害症状

该病主要危害枝干和果实。枝干被害，以皮孔为中心形成瘤状突起，红褐色，圆形或近圆形，后期病斑下陷，病健交界处开裂，形成一道环沟，严重时病斑翘起如马鞍状，翌年病斑上产生许多黑色小粒点，多个病斑相连使枝干皮变得十分粗糙，故称粗皮病（图2-9）。病菌一般只侵害树皮表层，严重时还可侵入皮层

图2-9　苹果轮纹病枝干症状

内部。病斑不仅发生在大枝上，2～3年生的小枝上也有，严重时能造成树体衰弱，甚至死枝、死树。果实多于近成熟期和贮藏期发病，初期以皮孔为中心，生成水渍状褐色小斑点，很快扩大成淡褐色或褐色交替的同心轮纹状病斑（图2-10），并有茶褐色的黏液溢出，病斑不凹陷；后期病斑自中心起散生黑色小粒点(即分生孢子器)。病果腐烂多汁，失水后干缩变为黑色僵果。

图2-10　苹果轮纹病果实症状

2. 发生规律

病菌以菌丝体、分生孢子器及子囊壳在被害枝干或果实上的病残组织内越冬，成为第二年的初侵染源。菌丝体在枝干病组织中可存活4～5年。花期前后遇雨，越冬后的分生孢子器就产生分生孢子随风雨传播，经皮孔或伤口侵入，陆续侵染枝干和果实，一直到皮孔封闭后结束，病菌侵染期可长达4～5个月。2～6年生枝条上的新发病斑产孢能力强。幼果期（6～7月）是全年病菌孢子散发量最多期，也是全年侵染的高峰期。病菌具潜伏侵染特性，幼果被侵染后病菌潜伏在皮孔（果点）内，果实近成熟时发病并迅速蔓延扩展。成熟至采收期为果实发病高峰，贮藏期继续发病。病菌在28～29℃时扩展最快，5天病果即可腐烂，常有酸臭气味。

3. 流行条件

枝干上病菌数量及枯死枝的多少是影响苹果轮纹病发生与否及轻重的基本因素，病害的田间流行与降雨、品种、栽培管理和树势等条件关系密切。树势衰弱、枝干上病害严重、果园内菌量大，苹果轮纹病多发生严重；温暖、多雨或晴雨相间的天气有利于病菌孢子的散发及侵染，6～8月一般每次降雨后都会形成一次病菌侵染高峰。气温高于20℃、相对湿度高于75%或连续降雨、降水量达10毫米以上时，有利于病菌繁殖和田间孢子大量散布并侵入不套袋幼果。结果量过大、树势衰弱、管理粗放、土壤瘠薄的果园受害严重；枝干环剥加重该病的发生。富士、红星、乔纳金、嘎拉等最易感病，富士6～8月最易感病。

4. 防治要点

加强栽培管理，增施有机肥，合理控制挂果量，增强树势，提高树体抗病力。铲除越冬菌源量，冬季认真清园，刮除枝干粗老翘皮，剪除病枝，捡拾病落果，集中烧毁或深埋。果树萌芽前全树喷施石硫合剂，主干、大枝上病瘤较集中的部位，及时刮除病斑后涂刷药剂（药剂参考苹果树腐烂病）。预防果实发病应抓住落花后至幼果期（病菌侵染高峰期）这一药剂防治的关键时期，喷施代森锰锌、苯醚甲环唑、戊唑醇、吡唑醚菌酯等杀菌剂，不套袋果园还应注意果实膨大至着色期继续雨前施药保护。

四、苹果褐斑病

苹果褐斑病又称绿缘褐斑病，是由果产链核盘菌［*Monilinia fructigena*（Aderth.et Runland）Honey］引起的真菌性病害。发病严重者造成早期落叶，削弱树势，影响当年果实产量、品质和花芽分化，甚至导致二次开花。

1. 危害症状

该病主要危害叶片，也可侵染果实和叶柄。一般树冠下部和内膛叶片最先发病，病斑中部褐色、边缘绿色、外围变黄，病斑上产生许多小黑点，病叶易早落。因苹果树品种和发病期的不同田间常见三种类型病斑：①针芒型。病斑小，数量多，病斑呈针芒放射状向外扩展，暗褐色或深褐色，上散生小黑点。后期叶片逐渐变黄，但病部周围及背部仍保持绿褐色（图2-11）。②同心轮纹型。病斑近圆形，较大。初期为黄褐色小点，病斑中心暗褐色、四周黄色、周缘有绿色晕圈。后期病斑表面产生许多小黑点，呈

图 2-11　苹果褐斑病病叶（针艺型病斑）

同心轮纹状排列。③混合型。病斑较大，暗褐色，病斑中部呈同心轮纹状，边缘放射状向外扩展。叶柄感病后，产生黑褐色长圆形病斑，常常导致叶片枯死。果实发病后形成近圆形褐色病斑，中部凹陷，边缘清晰，直径6 ~ 12毫米，病部散生黑色小点，果肉呈褐色海绵状干腐。

2. 发生规律

病菌以菌丝和分生孢子盘在病落叶中越冬，第二年春天条件适宜即产生大量分生孢子，直接危害或从气孔侵入叶片危害，新梢幼嫩叶片24小时内被侵染率为82.8%，说明保护新生叶片免受病菌侵染是预防发病的重要途径。病菌通过雨水反溅，传播到近地面叶片上，导致树冠下层和内膛叶片最先发病，而后逐渐向上及外围蔓延。高湿条件下(连阴雨)，病菌的分生孢子盘能快速、连续产生分生孢子，初次降雨将孢子冲掉后，不到24小时，分生孢子盘上又会产生出比原来数量更多的孢子进行侵染（图2-12)。苹果褐斑病潜育期短，一般为6 ~ 12天，病菌从侵染到引起落叶需13 ~ 55天。田间一般从6月上中旬开始发病，有多次再侵染，7 ~ 9月为发病盛期，严重时8 ~ 9月即可造成大量落叶（图2-13)。

图2-12　病斑上菌丝和子囊壳清晰可见

图2-13　提早落叶

3. 流行条件

苹果褐斑病的发生流行与气候、栽培、品种等有关，尤其是发生程度与雨量呈显著正相关。4～5月降雨早、雨日多或雨量大，则田间始见病日早、病叶率高；7～8月秋梢生长期降雨多，病菌重复侵染，病害扩展快，病叶率和病情指数迅速上升；9月病情指数达全年发病高峰，出现大量落叶。温度影响苹果褐斑病的潜育期，较高温度下，潜育期短，病害扩展迅速。管理不善、地势低洼、排水不良、树冠郁闭、通风不良时常发病较重，树冠内膛下部叶片比外围上部叶片发病早而重。

4. 防治要点

加强健康栽培管理，增施有机肥和磷钾肥，科学修剪，合理灌溉，疏花疏果，合理负载，增强树势。秋末冬初彻底清扫果园病落叶，集中烧毁或深埋。春梢期是药剂防治、降低当年田间菌源的关键时期，果树开花前至套袋前喷施2～3次代森锰锌或丙森锌等保护性杀菌剂，保护新生叶片；如果此期多雨，雨后要选择保护性杀菌剂和治疗性杀菌剂如苯醚甲环唑、氟硅唑等并用。秋梢期7～8月病菌进入多次侵染循环阶段，根据田间发病和降雨情况，喷施1～2次内吸性杀菌剂如戊唑醇或吡唑醚菌酯或嘧菌酯等；若遇连阴雨，褐斑病菌每天都产生新鲜孢子进行侵染，要抢在雨前专喷1次耐雨水冲刷的波尔多液。开花前、幼果期、果实膨大期还可选用氨基寡糖素等免疫诱抗剂，与药剂组合混配喷施，提升树体抗病力。施药时应均匀周到，注意树冠内膛和中下部叶片要喷到。

五、苹果斑点落叶病

苹果斑点落叶病是由链格孢苹果专化型[*Alternaria alternata* (Fr.：Fr) Keissler f. sp. *mali*]引起的真菌性病害。

1. 危害症状

该病主要危害幼嫩叶片，也危害叶柄、新梢和果实。幼嫩叶片最先发病，初期病斑为褐色小圆点，周围常有紫褐色晕圈，边

图2-14　苹果斑点落叶病病叶症状

缘清晰；之后病斑逐渐增多或扩大，形成直径5 ～ 6毫米的黄褐色病斑，中央常见一深色突起的小点，湿度大时病斑正反面产生墨绿色至黑色霉状物，高温多雨季节扩展迅速，多个病斑相连成不规则形大斑（图2-14）。老叶染病后，病斑穿孔或破裂，变黄脱落。叶柄染病后，产生暗褐色圆形或椭圆形凹陷病斑，病叶易从叶柄病斑处折断脱落。幼果受害，果面产生褐色小圆斑，有红晕，后期变黑褐色小点或呈疮痂状。

2. 发生规律

病菌以菌丝体在受害叶片、枝条或芽鳞中越冬，叶芽是重要的初侵染源。第二年春季气温约15℃时若遇小雨或空气潮湿即产生分生孢子，侵染嫩叶或从伤口、皮孔侵入，随气流、风雨不断传播。在20 ～ 30℃温度下，叶片上有水膜5小时以上，分生孢子即可完成侵染。叶龄20天内的嫩叶最易被病菌侵染，而一般30天以上的老叶不易被侵染。病害一年有春季和秋季两个发病高峰，与果树春梢期和秋梢期密切相关，苹果展叶后多雨，分生孢子量迅速增加，出现春季传播、侵染高峰，导致春梢叶片大量染病；6月下旬至7月多雨，秋梢发病重。

3. 流行条件

该病的发生流行与气候、果树品种、叶龄、树势等因素密切相关，多雨潮湿有利于病害流行。春季苹果展叶后若降雨早、雨日多、空气相对湿度70%以上则田间发病早、扩展快。苹果新梢抽生期如遇雨天，病斑明显增多；而在新梢停长期，即使有雨，新侵染病斑也很少。苹果品种间感病程度差异性较大，元帅系品种易感病，富士系品种中度感病。树势衰弱（特别是环剥、环割过重的树）、果园密植、通风透光不良等均易导致发病。

4. 防治要点

加强栽培管理，及时清除落叶、病果，集中深埋或带出园外烧毁，减少初侵染源。药剂防治应抓住落花后、病菌初次侵染前这一关键时期及时施用代森锰锌、代森锌等保护性杀菌剂，降雨后则注意保护性杀菌剂和多抗霉素、苯醚甲环唑等内吸性杀菌剂并用，控制初侵染。7 ~ 8月若降雨频繁，应注意保护秋梢。

六、苹果白粉病

苹果白粉病是由白叉丝单囊壳［*Podosphaera leucotricha*（Ell. et Ev.）Salm］引起的真菌性病害。该病危害苹果、梨、沙果、海棠和山荆子等，对苹果中的倭锦、红玉、国光等品种危害重。

1. 危害症状

该病主要危害花芽、叶片、新梢、幼果等幼嫩组织。芽受害，轻病芽第二年萌发形成白粉病梢，重病芽当年枯死。新梢发病，节间短、细弱，病叶狭长，叶缘上卷，扭曲畸形，病叶两面布满白粉状物，后期叶片干枯脱落，病梢形成干橛（图2-15）。叶片受害，表面初产生白色粉斑，病叶凹凸不平，严重时叶片正反两面布满白粉，叶片卷曲，质脆而硬。花器受害后花梗和萼片畸形，花瓣细长，严重的不能结果。幼果或果柄感病后病处产生白色粉斑（图2-16），果实长大后，白粉自然脱落，在果面上形成网状锈斑。

2. 发生规律

病菌以菌丝体在病芽鳞内越冬，顶芽带菌率最高。第二年病

图2-15　苹果白粉病危害新梢

图2-16　苹果白粉病危害幼果果柄

芽萌发形成病梢，产生大量分生孢子，成为初侵染源。病菌借气流传播，从气孔或直接侵染嫩叶、幼果，有多次再侵染。一年有两个发病高峰期，与新梢生长期相吻合，4～5月春梢旺盛生长期是第一次发病高峰期，7～8月高温季节病害发展停滞，8月底至9月初秋梢期为第二次发病高峰期。

3. 流行条件

该病的发生与气候、栽培条件和果树品种关系密切。春季温暖干旱的年份，有利于病害的前期流行；夏季多雨凉爽、秋季晴朗，有利于后期发病。连续阴雨对白粉病有一定的抑制作用。干旱年份的潮湿环境中该病发生较重。果园偏施氮肥或钾肥不足、种植过密、土壤黏重、积水过多时该病发病重。不同品种苹果的抗病能力也有差异，一般富士、嘎拉、红玉、红星、国光等易感病，秦冠、青香蕉、金冠、元帅等发病较轻。

4. 防治要点

加强栽培管理，增施有机肥和磷钾肥，避免偏施氮肥；疏剪过密枝条，改善果园通风透光条件。休眠期剪除病芽，生长期及时剪除新发病梢、病叶和病花，装入塑料袋中带出园外集中处理，减少越冬菌源和初侵染源。一般果园苹果花芽露红期和落花80%时（盛花末期）选用药剂叶面喷雾，重病果园还应注意秋梢初期的药剂防治，药剂可选用苯醚甲环唑、腈菌唑、烯唑醇等，施药时新梢要喷施周到。

七、苹果锈病

苹果锈病又叫赤星病，是由山田胶锈菌（*Gymnosporangium yamadae* Miyabe）引致的真菌性病害，除危害苹果外，还危害沙果、海棠、山荆子等。病菌的转主寄主主要是桧柏，其次还有高塔柏、新疆圆柏、翠柏等。

1. 危害症状

该病主要危害叶片，也能危害叶柄、新梢及幼果。染病叶片正面初生橙黄色圆形病斑，边缘橘红色，稍肥厚，随着病斑扩大，中间颜色变深而外围色较淡，中央部分密生鲜黄色小粒点，后渐变为黑色小点；后期病部叶肉肥厚变硬，叶背逐渐隆起并长出丛生的黄褐色胡须状物（图2-17）。幼果受害时多在萼洼附近形成直径约1厘米的橙黄色圆形斑点，稍凸起；后期病斑呈黄褐色，中央出现小黑点，周围也长出胡须状物，病果生长停滞，病部坚硬，多畸形（图2-18）。

图2-17　苹果锈病叶片受害状

图2-18　苹果锈病幼果受害状

2. 发生规律

病菌以菌丝体或菌瘿在桧柏等转主寄主上越冬。第二年春季4月、5月降雨后，桧柏上的菌瘿吸水膨胀，长出鸡冠状冬孢子角，后萌发产生担孢子，一般每次降雨后便出现一次萌发高峰，孢子随风通过气流传播，从气孔侵染苹果嫩叶及其他幼嫩器官。病叶背面产生黄褐色胡须状物，内生许多锈孢子，秋季成熟锈孢子又随气流飞散到转主寄主上侵染小枝，病部变黄隆起，后形成褐色球形或瘤状菌瘿越冬。病害1年只侵染1次，无再侵染。

3. 流行条件

果园周围5千米以内若有桧柏等转主寄主存在，则锈病易发生。病害的发生早晚与轻重主要取决于早春开花前后的降雨早晚及降水量大小，降雨早则发病早，降水量大则发病重。病菌冬孢子角的萌发和担孢子的侵染，必须有一次持续2天、降水量15毫米以上、空气湿度大于90%的降雨条件。果园附近种植桧柏较多的地区及以桧柏为绿化树的风景区周围，苹果锈病一般发生较重(图2-19)。

图2-19 与桧柏相邻的苹果园锈病发生严重

4. 防治要点

果园一定要远离有桧柏等转主寄主的风景区、公路和陵园等地，保证果园方圆5千米内不能有桧柏、龙柏、翠柏等树木。早春雨后及时对果园附近的桧柏等转主寄主喷施三唑酮、烯唑醇等药剂，清除桧柏上的越冬菌源，防止冬孢子角萌发。生长期可结合白粉病的防治，在苹果花芽露红、落花后选用三唑类药剂全园叶面喷雾防治。

八、苹果炭疽叶枯病

苹果炭疽叶枯病是由子囊菌围小丛壳（*Glomerella cingulata*）引致的真菌性病害。病原菌的无性态为胶孢炭疽菌（*Colletotrichum gloeosporioides*）。该病发病急、扩展快，危害严重时短期内致病叶、病果大量脱落，甚至引起果树二次开花，翌年绝收。

1. 危害症状

该病主要危害叶片和果实。叶片受害，初期为边缘模糊的褐色坏死病斑，高温高湿条件下，病斑扩展迅速，1～2天内可蔓延至整张叶片，病叶变黑坏死，失水后呈焦枯状，随后脱落；当环境条件不适宜时，病斑停止扩展，在叶片上形成大小不等的枯死斑，病斑周围的健康组织随后变黄，病重叶片很快脱落（图2-20）。果实染病，果面上出现数个直径2～3毫米的圆形坏死斑，病斑凹陷，周围有红色晕圈，自然条件下果实不继续腐烂，病斑上也很少产孢，明显区别于常见的苹果炭疽病症状。

图2-20　苹果炭疽叶枯病病叶症状

2. 发生规律

病菌以菌丝体在果台枝上或以子囊壳在病落叶上越冬，当平均气温超过20℃、遇持续3天以上的阴雨过程，越冬病菌就可能产生分生孢子，随雨水传播侵染叶片和果实，受侵染的叶片和果实2～3天后发病，并产生分生孢子侵染嫩叶、幼果，成为初侵染源。田间可多次再侵染。一般于早熟品种果实幼果期（6月上中旬）开始发病，7月上中旬迅速扩展，果实膨大后期至着色期（7

月下旬）出现发病高峰，造成大量落叶和落果。病斑上分生孢子盘和子囊壳同时存在，产孢量大，潜育期短。病菌分生孢子萌发最适温度为28 ~ 32℃，菌丝生长最适温度为28℃。25℃下接种，病原菌48小时内分生孢子双胞化，一个分生孢子可形成多个次级分生孢子并正常萌发生长，这些特殊侵染行为是导致病害在适宜环境下短时间内爆发的重要原因。病原菌的产孢和侵染都需要降雨或高湿度，降雨开始24小时后，病菌即开始大量产孢和侵染，7天后病斑处出现病原菌分生孢子盘和子囊壳，开始新一轮的侵染致病过程。

3. 流行条件

该病发生流行与气温、降雨、地势、品种关系密切。高温高湿极有利于病害侵染、扩展和流行。7 ~ 8月气温升高，如有5毫米以上有效降水量或超过3小时的持续降雨，即可在田间侵染流行，若遇连续阴雨，或降雨次数多、降水量大、雨后骤晴，果园内湿度过大，病情迅速发展，雨后就会出现一次发病高峰，1 ~ 2天内可蔓延至整个叶片，使整个叶片变黑坏死，失水后呈焦枯状，随后脱落（图2-21）。平原及低洼果园发病重于山区和半山区果

图2-21　苹果炭疽叶枯病重发病叶和病果症状

园。品种间抗病性有明显差异，富士品种高度抗病，早熟金冠系列品种如嘎拉、金冠、乔纳金、松本锦、美八等发病普遍，秦冠较轻，富士未见发病。病株率、病叶率、病果率和严重度随栽植密度增加而增大，株行距为2米×3.5米时发病最重。

4. 防治要点

幼果期至果实膨大期于降雨前喷施保护性杀菌剂是药剂防治的关键。此时期（6～8月）若高温多雨，一般于6月中旬开始，根据天气预报，于降雨前1天喷施丙森锌、代森锰锌或耐雨水冲刷的波尔多液等保护性杀菌剂，每隔10～15天施用1次，连施2～3次，保护叶片免受病菌侵染；雨后或初见病症后，喷施治疗性杀菌剂吡唑醚菌酯或以吡唑醚菌酯为主要有效成分的混剂等。苹果采收后选择持效期长的内吸治疗性杀菌剂进行药剂清园，果树落叶后及时清扫果园落叶、落果，带出园外集中烧毁或深埋。

九、苹果黑星病

苹果黑星病又称疮痂病，是由苹果黑星菌［*Venturia inaequalis* (Cook) Wint.］引致的子囊菌亚门真菌性病害。病原菌的无性世代为树状黑星孢［*Fusicladium dendriticum* (Wallr.) Fuck.］，属半知菌亚门真菌。该病在世界苹果产区均有不同程度发生，美国及日本等国受害严重，为国内陕西、山东、甘肃等省的省级补充检疫对象。该病除危害苹果外，还危害沙果、海棠及苹果属其他果树。

1. 危害症状

该病主要危害叶片和果实，也可侵染叶柄、果梗、花芽等。叶上的病斑为近圆形或放射状，边缘明显，向叶正面凸起呈泡斑，表面生淡黄绿色霉层，稍后霉层渐变为褐色至黑色，严重时，病叶变小变厚、卷曲或扭曲，多个病斑融合成大斑，病部干枯破裂（图2-22）。叶柄染病形成长条形病斑。病花花瓣褪色，萼片尖端灰色，病花梗黑色，易落花。果实病斑呈圆形或椭圆形，初为淡黄绿色，渐变褐色或黑色，表面产生绒状霉层，随果实膨大，病斑凹陷、变硬，常发生星状龟裂。果实从幼果期至成熟期都可受害，早期染病，发育受阻成畸形；膨大后期染病，病斑小而密集，咖啡色或黑色，角质层不破裂（图2-23）。

图2-22 苹果黑星病病叶症状

图2-23 苹果黑星病病果症状

2. 发生规律

病菌以菌丝体在病枝和芽鳞内或以假囊壳在病落叶中越冬，成为第二年初侵染源。苹果从落花到成熟期均可染病。翌年5 ~ 8月释放子囊孢子，借风雨传播，分生孢子还可借蚜虫传播，重复侵染，一直持续到果实着色成熟期。果树从开花至落花期是子囊孢子释放高峰期。子囊孢子的释放多在雨后，有水滴或降水量大于0.3毫米，分生孢子必须在有雨水条件下才能脱落和传播。分生孢子和子囊孢子萌发后直接侵染寄主组织，落花期最易被侵染，6 ~ 7月为发病盛期。

3. 流行条件

苹果树从叶片展开到整个生长期的初始菌源量、温度和降水量是影响该病流行的主要因素。苹果黑星菌分生孢子侵染适温为8 ~ 10℃，子囊孢子侵染适温为19℃，潜育期为9 ~ 14天。苹果开花期至落花期如果多雨高湿，则利于子囊孢子的释放和初侵染，当年发病早，后期菌源充足。春、秋季多雨高湿有利于发病。叶片和果实染病15天后即可产生分生孢子进行再侵染。苹果各品种间抗病性存在一定差异，国光和富士较易感病，红星、海棠抗病。

4. 防治要点

严格执行植物检疫制度，禁止从病区调出带病苗木、接穗和果实等，严防病菌远距离扩散传播。清除初侵染源，果树落叶后彻底清扫果园病落叶、落果，带出园外集中烧毁或深埋。药剂防治方面，采果后全园喷施戊唑醇等杀菌剂清园或苹果萌芽前喷石硫合剂清园，生长季节抓住果树开花前至落花后易被侵染的关键时期，喷施代森锰锌、吡唑醚菌酯、三唑类等杀菌剂。

十、苹果花叶病

苹果花叶病是系统性侵染病害，由李属坏死环斑病毒苹果株系（*Papaya ringspot virus*，PRSV）或苹果坏死花叶病毒（*Apple necrotic mosaic virus*，ApNMV）引致的。病毒除侵染苹果外，还能侵染海棠、山楂等。

1. 危害症状

叶片上表现不同类型的黄白色病斑，同一棵树、同一枝条甚至同一叶片上常混合表现各种不同类型的症状：①斑驳型。病叶上有大小不等、形状不规则的黄白色病斑，边缘清晰，数个小病斑常愈合成一个大病斑。②花叶型。病叶上有不规则、深绿和浅绿相间、边缘不清晰的褪绿黄斑，严重时变褐枯死。③条斑网纹型。病叶的主脉和侧脉明显失绿黄化，并蔓延到附近的叶肉组织，呈黄色网纹状（图2-24）。

2. 发生规律

病毒主要通过受侵染的砧木、芽和接穗等在嫁接过程中传播，带毒的接穗和砧木是病害的主要侵染源。病毒不能汁液传毒，但可

图2-24　苹果花叶病花叶型和条斑网纹型病叶症状

用组织快速接种法或菟丝子接种法传毒。病害潜育期为3 ~ 27个月，因接种时间、方法及供试植物的不同而异。苹果树一旦被病毒侵染，将终生带毒且持久危害，症状逐年加重。病树在萌芽后不久即出现病叶，春季果树开花前后病害迅速发展，7 ~ 8月盛夏高温时病害有时出现隐症现象；秋梢抽梢后症状又重新扩展，11月停止发展。

3. 流行条件

该病症状的表现易受外界环境条件和果树生长情况的影响，当气温为10 ~ 20℃、光照较强、土壤干旱及树势衰弱时，病害容易显症与发展。苹果品种间感病性有显著差异，秦冠、金冠等高度感病，红星、富士、早生旭等轻度感病。

4. 防治要点

培育无病毒苗木。苗圃、幼园中发现病株及时拔除烧毁，避免带毒苗木远距离传播。果树高接换头时，一定要选用无毒接穗。健康栽培，增强树势。轻病树叶面喷施免疫激活蛋白、氨基寡糖素等，提高树体抗逆性，延缓病情扩展。对丧失结果能力的重病树，及时彻底刨除。

十一、苹果炭疽病

苹果炭疽病又叫苦腐病、晚腐病，是由围小丛壳菌［*Glomerella cingulata*（Stoneman）Spauld. et H. Schrenk］引起的真菌性病害。

1. 危害症状

该病主要危害果实。受害初期果面上出现褐色小圆斑，边缘清晰（图2-25），后迅速扩大，软腐下陷，呈褐色或深褐色。病斑发展中后期表面形成小粒点，呈同心轮纹状排列（图2-26），表面湿度大时，小粒点(分生孢子盘)溢出粉红色分生孢子团。纵剖病果，可见病部果肉呈漏斗状向深层扩展。病斑扩展迅速，常导致全果腐烂、脱落，病果失水干缩成黑色僵果。

图2-25　苹果炭疽病病果初期症状

图2-26　苹果炭疽病病果后期症状

苹果轮纹病与苹果炭疽病病果区分：①病斑形状。苹果轮纹病病斑表面不凹陷，同心轮纹状是由颜色深浅不同的病组织扩展后所造成，病斑上的小黑点散生；而苹果炭疽病病斑凹陷，同心轮纹状是由病组织产生的子实体（小黑点）排列形成。②病斑颜色。苹果轮纹病病斑颜色较淡且不均匀，呈淡褐色至深褐色同心轮纹状；苹果炭疽病病斑颜色较深且均匀，呈红褐色至黑褐色。③病果果肉。苹果轮纹病病组织有一种酒糟味，味道不苦；而苹果炭疽病病组织味道很苦。④病果剖面。苹果轮纹病病果剖面底部钝圆，呈“圆锅底”状；苹果炭疽病病果剖面底部尖，呈V形。

2. 发生规律

病菌以菌丝体在病僵果、枯死枝等部位越冬，也可在梨、葡萄、刺槐上越冬。翌年春季苹果落花后，遇到适宜温湿度条件即可产生分生孢子，通过风雨或昆虫传播，从果实皮孔、伤口侵入表皮。病菌有潜伏侵染现象，从幼果期至成熟期均可侵染果实，一般苹果落花后10天即开始侵染，果实迅速膨大期是侵染高峰，果实近成熟时开始发病。病果上的粉红色黏液可再次侵染果实。

3. 流行条件

发病轻重主要取决于越冬菌源量的多少和果实生长期的降雨情况。坐果后降雨早、雨日多时，病害发生重。未套袋果发病重于套袋果。果园周围种植刺槐、梨、葡萄，或苹果树与这些树木混栽，会加重该病的发生。

4. 防治要点

加强栽培管理，平衡施肥，合理密植和修剪，降低果园湿度。生长期发现病僵果及时摘除。冬季落叶后，彻底清除果园中的病僵果、枯死枝、衰弱枝，压低越冬菌源。不用刺槐做防护林。药剂防治抓住两个时期，一是果树萌芽前，全园喷施3 ～ 5波美度的石硫合剂，铲除越冬菌源；二是果实套袋前，做好生长期喷药保护，落花后半个月喷第一次药，可与果实轮纹病兼治。

十二、苹果霉心病

苹果霉心病又称心腐病、红腐病、霉腐病，是由链格孢（*Alternaria alternate*）、粉红单端孢（*Trichothecium roseum*）等多种弱寄生菌混合侵染所致的真菌性病害。

1. 危害症状

该病只危害果实，有霉心型和心腐型两种症状。霉心型病果（图2-27）外观正常，心室发霉，产生灰褐色至褐色霉状物，但病部只局限在心室，不突破心室壁，不造成果肉腐烂。心腐型病果（图2-28）果心充满白色、粉红色、灰绿色或黑色霉状物，从果心向外霉烂，果肉发黄、有苦味，后期全果腐烂。轻病果可正常成熟，重病果易早落。

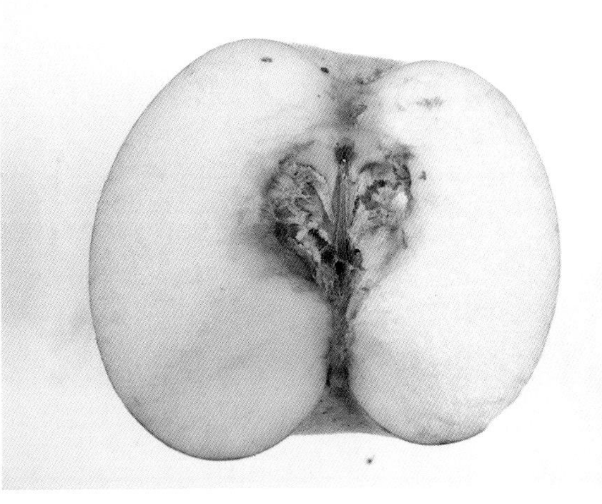

图2-27 苹果霉心病霉心型病果

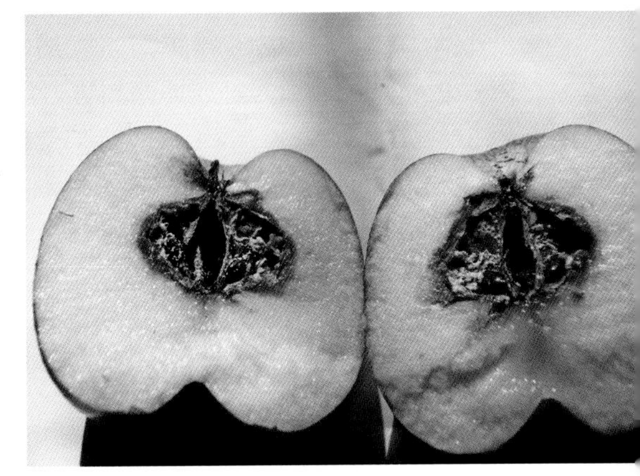

图2-28 苹果霉心病心腐型病果

2. 发生规律

病原菌主要以菌丝体潜伏于苹果树体组织表面越冬或以分生孢子潜藏在苹果芽鳞片间或病果中越冬，成为初侵染源。第二年春季病菌以分生孢子随风雨和气流传播侵染。霉心病病菌侵染期很长，从花期至果实采收前不断侵染，花期至5月底前的幼果期是重点侵染时期，花期尤其盛花期是病菌侵入的主要时期。苹果开花期，病菌先在花柱上定殖；落花后，病菌从花柱开始向开放的萼心间和心室组织扩展，进入果心后呈潜伏状态，果实成熟期开始发病。

3. 流行条件

该病的发生轻重与气候、品种、花期湿度密切相关。果实萼筒开放较大的品种如元帅系、红星、北斗等高度感病，国光等品种较抗病。花期前后遇降雨早、次数多、雨量大、湿度高，因此发病重。果园管理差，结果量大，树势衰弱易发病。贮藏期温度超过10℃时病果率高。

4. 防治要点

加强栽培管理，合理修剪，降低果园湿度。开花前彻底清除果园内的病僵果、枯枝、落叶等，生长季节随时清除病果，带出园外处理，降低菌源基数。高感品种苹果采收后置于5℃以下条件下贮藏。抓住初花期和盛花末期开展药剂防治，若开花期预报有雨，应在雨前选用代森锰锌或多抗霉素或甲基硫菌灵等叶面喷雾1次，降低果实带菌率。

十三、苹果疫腐病

苹果疫腐病也叫颈腐病、实腐病，由恶疫霉（*Phytophthora cactorum*）侵染引起，属卵菌病害，危害苹果、梨、桃等。

1. 危害症状

该病主要危害根颈、果实及叶片。苗木及成株树根颈部受害，皮层呈褐色腐烂，地上部枝条发芽迟缓，叶小色黄，严重者全株萎蔫，枝干枯死。果实受害，果面产生不规则形、深浅不匀的暗红色病斑，边缘不清晰似水渍状（图2-29）；有时部分果皮与果肉分离，表面似白蜡状，果肉及心皮部变褐腐烂后，果形不变呈皮球状，有弹性，极易脱落，最后失水干缩成僵果，在病果开裂或伤口处，可见白色绵毛状菌丝体。叶片受害，产生不规则的灰褐色或暗褐色

图2-29　苹果疫腐病病果

病斑，水渍状，多从叶边缘或中部发生，潮湿时病斑迅速扩展使全叶腐烂。

2. 发生规律

苹果疫腐病病菌以卵孢子、厚垣孢子或菌丝状态随病组织在土壤中越冬。翌年遇有降雨或灌溉时，病菌产生游动孢子，随雨滴飞溅或流水传播蔓延。果实在整个生育期均可染病，在田间具爆发性，每次降雨后都会出现侵染和发病小高峰，雨后1 ~ 2天即再现感病叶片，1.5米的树冠下层及近地面叶片和果实先发病，尤以距地面60厘米以下的病叶率、病果率最高，向上逐渐降低。

3. 流行条件

高温、多雨极有利于疫腐病菌侵染和病害流行，幼果期至果实膨大期（6 ~ 8月）降雨多、雨量大的年份发病早且重。果园郁闭、树盘下杂草丛生、树冠下垂枝多、地势低洼或积水、局部潮湿、苹果树根颈有伤口、雨前大水漫灌的果园发病重。红星、金冠和印度等品种发病较重，富士、国光和乔纳金等品种发病较轻。

4. 防治要点

加强栽培管理，及时清除病残体。拉枝角度不宜过大，适当提高结果部位至距地面60厘米以上。杜绝大水漫灌，挖沟排水，树冠下铺草。翻耕和除草时不要碰伤根颈部。疏除过密枝条和下垂枝，保持树冠通风透光。对根颈部病斑，如腐烂树皮还未环绕树干一圈，可在春季扒土晾晒，刮去腐烂变色部分，并用石硫合剂或烯酰吗啉等消毒伤口，必要时可进行桥接，刮下的病组织要烧毁，并更换无病新土。药剂防治可选用代森锰锌或烯酰吗啉、霜霉威、霜脲氰、氢氧化铜、甲霜灵等任一种药剂或其复配制剂叶面喷雾，树冠下层一定到喷施周到，套袋果园要抓住落花后坐果期至套袋前施药2次，未套袋果园应于幼果期至果实膨大期根据降雨情况雨前施药，保护下部叶片和果实。

十四、苹果锈果病

苹果锈果病又叫花脸病、裂果病，由苹果锈果类病毒引起，染病植株全株都有病毒，果实一旦显症即失去商品价值。

1. 危害症状

病果主要有锈果型、花脸型和混合型3种症状：①锈果型。病果在落花后1个月开始表现症状，典型的症状为由幼果顶部沿果面向果梗发展，放射状散出5条与心室相对应的、无规则的木栓化铁锈色病带，锈斑随果实生长而发生龟裂，果面粗糙，形成畸形果（图2-30）。②花脸型。果实着色前无明显变化，着色后病果果面散生许多近圆形的黄绿色斑块，稍凹陷；果实成熟后病斑仍不着色，果面表现为红绿相间，呈花脸状（图2-31）。③混合型。病果着色前多在果顶部出现锈斑，着色后在果面未发生锈斑的部分或锈斑周围出现红绿相间的斑块。一些品种的幼苗也表现症状，植株矮小，叶变小，叶片规律地向背面反卷，质硬而脆，易脱落，枝干表皮产生锈斑。

图2-30　苹果锈果病锈果型病果

图2-31　苹果锈果病花脸型病果

2. 发生规律

该病主要通过带病接穗和带病砧木嫁接传染，也可通过病树与健树根部接触传染，还可通过带毒修剪工具传播，病树的汁液、种子、花粉等均不传染。嫁接接种潜育期为3 ～ 27个月。该病为全株系统性病害，一旦染病，病情逐年加重，结果树通常先在个别枝条上显现症状，2 ～ 3年后扩展到全株，再经1 ～ 2年时间会感染附近果树。梨树普遍带毒但不表现症状，成为带毒寄主。带病苗木的调运是该病病原菌远距离传播的主要途径。

3. 流行条件

苗木带毒的幼树，初结果果实即显症，全树病果呈畸形龟裂，一年生新梢结果前即出现明显的弯叶及皮层坏死。由于田间嫁接、接触传播者，结果多年后才出现症状，起初仅有个别病果，后逐渐扩展到全树。苹果和梨混栽的果园或靠近梨园的苹果树发病率高、发病重。国光、秦冠、元帅、红星、青香蕉等品种较易感病，金冠比较耐病，带毒株一般不表现症状或症状轻微。

4. 防治要点

选用无毒接穗和砧木，不在有病毒的果园内采集接穗、种条等，培育无毒苗木。新建果园一定要采用无病毒苗木，苹果树和梨树不宜混栽，苹果园要远离梨园150米以上，以防相互传染。苗圃内发现病苗应及时拔除烧毁。果园发现病树也应及时刨除，并彻底挖净病树根系，防止传染。剪、锯、刀等修剪工具要用次氯酸钠或肥皂水浸泡消毒，先剪无病植株，后剪有病植株，防止交叉感染。加强果园管理，增施有机肥，提高树体抵抗力。药剂防治仅能延缓病情发展，不能治愈，一是环割包药，在病树主干上进行半环剥，并涂抹四环素或土霉素后，用塑料膜包扎，药液灌根；二是用宁南霉素加土霉素或四环素灌根2 ~ 3次。

十五、苹果圆斑根腐病

苹果圆斑根腐病是由腐皮镰刀菌（*Fusarium solani*）、尖孢镰刀菌（*F. oxysporum*）、弯角镰刀菌（*F. camptoceras*）等多种镰刀菌引起的半知菌亚门真菌病害。病菌可危害苹果外梨、桃、杏、葡萄、柿、枣等多种果树。

1. 危害症状

该病主要危害根部，从须根、小根逐渐向大根蔓延危害。发病初期须根变褐枯死，然后逐渐蔓延至细支根，形成红褐色、稍凹陷的圆斑，随着病斑扩大并相互融合深达木质部，最后整段根

图2-32　苹果圆斑根腐病根部症状

图2-33　苹果圆斑根腐病叶片症状

变黑死亡（图2-32）。树体地上部在果树展叶后表现症状（图2-33），主要有以下4种类型：①萎蔫型。病树萌芽后整株或部分枝条生长衰弱，叶片小而向上卷缩，叶小而色淡，叶丛萎蔫，枝条失水皱缩，有时表皮干死翘起。②青干型。病株叶片失水青干，多数由叶缘向内发展，在青干与健康部分分界处有明显的红褐色晕带，重者叶片脱落。③叶缘焦枯型。病株叶尖或边缘枯焦，中间部分保持正常，病叶不脱落。④枝枯型。根部严重腐烂，与地下烂根相应方向的部分骨干枝枯死，皮层变褐下陷，坏死皮层与健康皮层分界明显，并沿枝干向下蔓延，枯枝木质部导管变褐，且一直与地下烂根中变褐的导管相连。

2. 发生规律

3种镰刀菌都是土壤习居菌，既可在土壤中长期进行腐生生活，又可寄生于寄主植物上，当果树根系衰弱时病菌就会乘机侵入。早春苹果树萌动，病菌即开始活动危害根部，地上树体的症状一般在果树萌芽后的4～5月才较为集中地表现出来。由于病株的伤愈作用和萌发新根的功能，病情发展时起时伏，水肥和管理条件好、树势健壮时，有的病株甚至可以自行恢复。

3. 流行条件

一切导致果树根系衰弱的因素都是诱发该病害发生的重要条件。果园管理粗放、连年环剥环割、有机肥施用少、偏施氮肥、土壤板结、通气不良、地势低洼易积水、杂草丛生，结果过多、其他病虫危害严重等，都有利于该病害的发生。

4. 防治要点

加强栽培管理，增施有机肥、钾肥、生物菌肥等，深翻改土，行间生草，合理修剪，控制挂果量，增强树势，提高抗病力。及时排除积水，切忌积水渍根。早春夏末发现病株即进行药剂防治，在病侧枝同方向挖开、移走病根周围土壤，刮治病部或清除病根，晾晒3～5天，晾根期间避免树穴内灌水或雨淋，用甲基硫菌灵、代森铵、络氨铜等任一种药剂灌根消毒。重病树宜药剂灌根的同时进行土壤调理，以树干为中心，开挖3～5条长至树冠外围的放射状沟，施用含枯草芽孢杆菌、放线菌等有益微生物菌群的生物菌肥，药液渗透后覆填无病新土。

十六、苹果小叶病

苹果小叶病又称簇叶病，是缺锌引起的生理性病害。

1. 危害症状

春季一般在新梢和叶片上显现症状。病树新梢节间较短，发芽迟，顶梢小叶丛生或成光秆，新叶细小、边缘稍向上卷，叶片发硬发脆（图2-34）。发病后期病枝枯死，但枯死的下端又能长出新枝，新枝上叶片开始时表现正常，随后叶片变小或颜色不均，严重时叶片变黄、干枯。病枝一般很难开花坐果，即使坐果果实也会小而畸形。发病较重的果树树势衰弱，树冠稀疏零乱，但不扩展，苹果产量明显降低。

2. 发病原因

该病因土壤缺少可溶性锌，引起果树营养失调所致。缺锌与土壤中磷酸、钾、石灰含量过多及氮、钙等元素失调有关。

图2-34　苹果小叶病症状

3. 流行条件

沙滩地、碱性土壤、瘠薄山地、土壤冲刷较严重的果园以及土壤水分过少的果园易发病；果园行间经常间作蔬菜、浇水频繁、修剪过重或伤根过多易发病。氮、磷肥使用过多会加重发病。

4. 防治要点

落实增施有机肥、行间种植绿肥作物、改良土壤等农业措施；结合秋施基肥，根施硫酸锌等锌肥；重病树可于萌芽期、开花前、落花后，叶面喷施硫酸锌+尿素混合液各1次，促进锌元素吸收。

十七、苹果苦痘病

苹果苦痘病又叫苦陷病、点刻病、赤龙斑、茶星病，是苹果近成熟期和贮藏期常见的一种生理性病害。

1. 危害症状

发病初期，果皮上出现以皮孔为中心的近圆形斑点，绿色或黄色苹果品种上呈浓绿色；红色品种上则呈暗红色，周围有黄绿色或深红色晕圈（图2-35）。后期病斑表皮坏死，形成褐色凹陷，皮下果肉变褐，干缩成海绵状（图2-36），深达果肉数毫米至1厘米，有苦味，病斑多时数个小斑连接形成不规则大斑。发病以后，病部易被其他腐生菌侵染，使果实变质腐败。

图2-35　苹果苦痘病发病初期症状

图2-36　苹果苦痘病发病后期症状

2. 发病原因

该病主要由生理性缺钙引起，与果实中氮、钙含量和氮钙比有关，当果实中氮钙比大于10时发病重。苹果落花后至幼果期，果实所吸收的钙量占总吸收钙量的90%，此时期如幼果吸收钙量低，随着果实不断膨大，果实中钙含量相对降低，发病率升高。

3. 流行条件

病害发生与品种、砧木特性、树势以及施肥等栽培管理措施有关。有机肥使用过少、修剪过重、营养生长过旺、排水不良等均可发病。前期干旱，过量施用氮肥、钾肥，影响钙的吸收，会加重病情。套袋果比非套袋果发病重。青香蕉、大国光等品种在贮藏过程中易发病。

4. 防治要点

加强栽培管理，增施有机肥，控制氮肥用量。注意果园排灌，果实生长前期保持适度的水分供应，合理修剪，增强树势，适时采收。结合秋施基肥，基肥中拌匀硝酸钙或氯化钙等钙肥后根施；落花后至幼果期，叶面喷施氯化钙或硝酸钙溶液，补施钙肥。

十八、苹果水心病

苹果水心病又叫蜜果病、糖化病，是一种生理病害，在果实近成熟期和贮藏期间均会发生，病果品质变劣，不耐贮藏。

1. 危害症状

轻病果外表正常，剖开后可见内部组织的细胞间隙充满细胞液而呈水渍状（图2-37）。重病果果面可见半透明水渍状病斑（图2-38），病部果肉质地坚硬，病斑以果心及其附近较多，果实维管束四周和果肉的其他部位也有发生。病果由于细胞间隙充水而比重大，病组织含酸量特别是苹果酸的含量较低，并有醇的累积，味稍甜，同时略带酒味。贮藏期病组织易腐败褐变。

图2-37　苹果水心病病果剖面

图2-38　苹果水心病病果外部症状

2. 发病原因

该病主要是由于山梨糖醇积累、钙氮不平衡而打乱了果实正常代谢所致。

3. 流行条件

病害发生与品种、果园立地条件、栽培管理措施等有关。青香蕉、大国光等元帅系品种和秦冠苹果易发病。幼龄树及叶果比高、钙营养不良的果树易发病。近成熟期昼夜温差较大的地区，果实易发病。有机肥使用过少导致土壤酸化、板结、有机质缺乏，高氮高钾低钙肥施用过多影响果树对钙的吸收，均会加重果实发病。采收期晚，过熟的果实发病重。病果的钾钙比、钾、镁与钙之比等明显高于正常果实。

4. 防治要点

加强栽培管理，果园生草，树盘覆盖，增施有机肥，根施生物菌肥，配方施用复合肥，避免单施铵态氮肥，增钙降钾，改善钾钙比。合理修剪，合理负载，根据品种特性适期采收，感病品种适当提前采收。落花后至幼果期叶面喷施丁酰肼、硝酸钙液或氨基酸钙等，可降低病果率。

十九、苹果霜环病

苹果霜环病是一种生理性病害，由苹果落花后幼果期遭遇低温受冻所致，严重时幼果大量脱落，损失严重。

1. 危害症状

刚坐果的幼果受害，萼片外围出现冻伤青斑，继而出现月牙形凹陷，随幼果生长逐步扩大为环状凹陷，深紫红色，凹陷部位下果肉呈深褐色、木栓化，被害果实易早落，未落的受害果实成熟时萼部周围或腰部偏上仍留有环状凹陷伤疤。若低温出现时间较晚，一些品种的果实胴部出现环状收缩，形似腰带，被害处生长受阻，后期果皮出现木栓化锈斑（图2-39）。

2. 发病原因

该病是由于苹果落花至幼果期遇持续低温阴雨或霜冻所致。苹果花期至幼果期临界低温为－1.7～－1.1℃，此时期若有接近临界值的晚霜、倒春寒或持续低温阴雨，幼果即可能受害。此外，病害发生还受品种、果园立地条件、栽培管理措施等因素影响。

3. 流行条件

地势低洼的果园发病重于坡地。秦冠、嘎拉、金冠、花牛等

图2-39 苹果霜环病症状

较其他品种易受害。果园覆草、管理精细、树势健壮的果园发病轻。水肥过量，尤其是偏施氮肥或冬剪过重造成树势过旺时最易发病。同一株树树冠中下部果实易受害。

4. 防治要点

避免在地势低洼地建园。加强水肥管理，增施有机肥，避免偏施氮肥；果园生草，树盘覆盖；合理修剪，适当推迟疏花疏果。注意天气预报，落花后至幼果期若有霜冻或低温，提前灌水或叶面喷施氨基寡糖素，霜冻即将来临时果园熏烟防霜。

第二节 主要害虫识别

苹果害虫种类较多，按危害部位可分为蛀果害虫、食叶害虫、枝干害虫等。常见蛀果害虫有桃小食心虫、梨小食心虫、苹小食心虫等直接钻蛀危害，使果品失去商品价值。果实套袋，可减小危害，管理粗放则危害较重。常见食叶害虫有蚜虫、叶螨、潜叶蛾、卷叶蛾、食叶毛虫、刺蛾、金龟子等，取食叶片或刺吸叶片汁液。枝干害虫主要有介壳虫、天牛、蠹虫等，介壳虫有球坚蚧、康氏粉蚧和梨圆蚧，主要危害枝条，但套袋果实近几年受康氏粉蚧和梨圆蚧危害加重；天牛、蠹虫等蛀入树干内部，受害部位隐蔽，难以发现，防治难度大。

一、桃小食心虫

桃小食心虫（*Carposina sasakii* Matsumura）又名桃蛀果蛾、桃蛀虫，属鳞翅目蛀果蛾科，是仁果类和核果类果树的重要害虫。由于苹果套袋技术的应用，该虫害危害较轻，但未套袋果园、管理粗放果园危害程度较重。

1. 危害特点

果实受害后，果面出现针头大小的蛀果孔（图2-40）并流出泪珠状汁液，干涸后呈白色蜡状物。幼虫蛀入后取食果肉，在果内形成弯曲纵横的虫道，排出的大量虫粪留在果内呈“豆沙馅”状（图2-41）。幼果被多个幼虫蛀果，常生长发育不良，形成凹凸不平的“猴头果”（图2-42）。后期受害的果实，果形变化不大，被害果大多有圆形脱果孔（图2-43），孔口常有少量虫粪，由丝粘连。

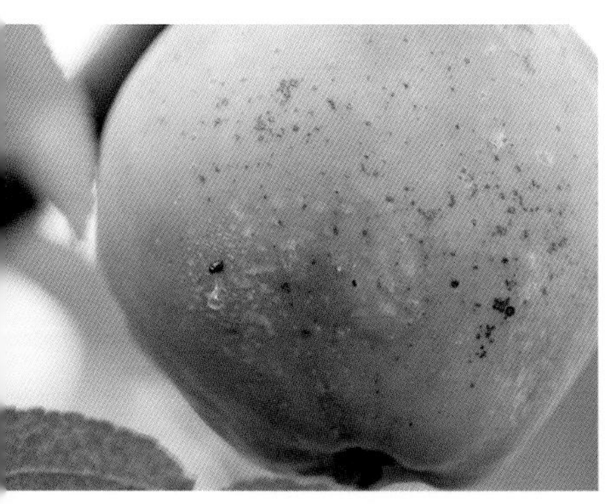

图2-40　蛀果孔

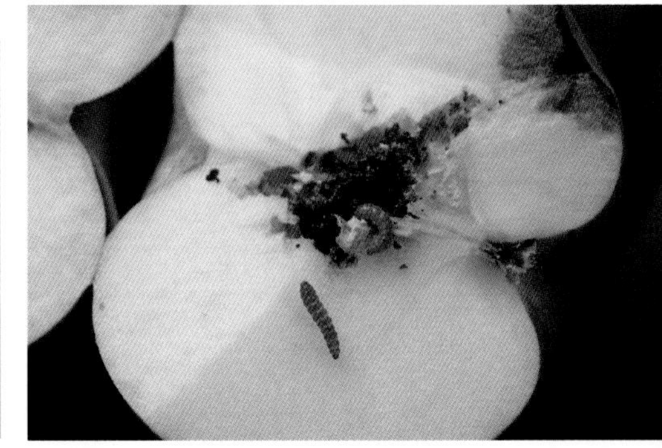

图2-41　幼果出现“豆沙馅”

图2-42　猴头果　　　　图2-43　脱果孔

2. 识别方法

成虫：体长7毫米左右，灰白色至灰褐色，前翅中部靠近前缘处有1个蓝黑色近三角形的大斑，基部及中部有7簇斜立的蓝褐色鳞片丛（图2-44、图2-45）。

图2-44　桃小食心虫雌成虫

图2-45　桃小食心虫雄成虫

卵：椭圆形，初产时橙红色，渐变为深红色，顶部着生2 ～ 3圈Y形刺毛（图2-46）。

幼虫：初孵时黄白色，老熟幼虫体背桃红色，体长约13毫米，头部褐色。

蛹：长约7毫米，淡黄色至黄褐色，体表光滑无刺。

茧：越冬时做的冬茧圆形稍扁，茧丝紧密；化蛹时做的夏茧（图2-47）呈长纺锤形，茧丝松散。两种茧外都附着土粒。

图2-46　桃小食心虫卵（高倍镜）

图2-47　桃小食心虫夏茧

3. 生活习性

1年发生1 ~ 2代。以老熟幼虫在土中做冬茧越冬。越冬幼虫多集中在树干周围1 ~ 1.5米内。苹果落花后约半个月，幼虫开始出土，在地面做夏茧化蛹，陕西一般6月上中旬为越冬代成虫发生盛期。羽化的成虫2 ~ 3天后开始产卵，卵主要产于果实萼洼处。初孵幼虫在果面爬行一段时间后，从果实胴部蛀入果内危害，老熟后从果中脱出。7月下旬以前脱果的幼虫，脱果后在地面作茧化蛹，继续发生第二代；8月中旬脱果的第一代幼虫，有一部分入土作茧越冬，另一部分继续发生第二代。第一代成虫高峰期一般在8月中下旬。9月中下旬第二代幼虫开始脱果入土越冬。

成虫无趋光性，白天不活动，多栖息于树干、枝条、叶背或杂草上，夜间交尾、产卵。气温在25 ~ 30℃、空气湿度大时有利于成虫产卵。土壤含水量在10%以上时幼虫能顺利出土，土壤含水量在3%以下时几乎不能出土。幼虫出土期遇到降雨或浇水后2 ~ 3天，会出现出土小高峰。

4. 防治要点

及时摘除虫果、捡拾落地虫果集中处理，减少虫源。悬挂性诱捕器，苹果落花后半个月，每亩放置桃小食心虫性诱芯及配套性诱捕器5 ~ 8个，诱杀雄蛾，减少落卵量。果实套袋。地面盖膜杀虫，于越冬幼虫出土前（果树开花前）以树干基部为中心，将半径1.5米范围内的地面覆盖上塑料薄膜，周围边缘用土压严，消灭出土幼虫和越冬代成虫。

重发区采用药剂防治，地面防治与树上喷药相结合。于桃小食心虫性诱捕器诱到成虫之日或于5月中下旬降雨或果园浇水后，用辛硫磷或毒死蜱喷洒树盘后浅锄耙平，杀死出土幼虫。树上喷药要抓住成虫产卵期和幼虫孵化期，当果园卵果率达1%或在诱捕器上出现成虫高峰期时立即喷药，可选用灭幼脲或菊酯类药剂等。

二、苹小食心虫

苹小食心虫（*Grapholitha inopinata* Heinrich）简称苹小，属鳞翅目卷蛾科。该虫在国内发生普遍，可危害苹果、梨、桃等多种果树。

1. 危害特点

该虫只危害果实。幼虫多从果实胴部蛀入果内，在皮下浅层蛀食危害，一般不深入果心（区别于桃小食心虫）。蛀果孔近圆形，周围呈红色，俗称“红眼圈”；后期果实被害处形成直径约1厘米的黑褐色干疤（图2-48），干疤深达果皮下0.5 ~ 1厘米，稍凹陷，表面有2 ~ 3个排粪孔和锯末状粪便。虫疤边缘有较大的幼虫脱果孔。

图2-48　果实形成黑斑（蛀果孔）

2. 识别方法

成虫：体长约5毫米，暗褐色，前翅前缘有7～9组白色短斜纹，近外缘处有数个黑色小点（图2-49）。

图2-49 苹小食心虫成虫（张卫光 摄）

卵：黄白色，扁椭圆形。

幼虫：老熟幼虫体长6～10毫米，头胸背部黄褐色，腹部背面各节具两条淡红色横纹。

蛹：黄褐色，纺锤形，长约5毫米。

3. 生活习性

1年发生2代，以老熟幼虫结茧在枝干粗翘皮下、裂缝内、锯口周围干皮缝内及孔穴内、树下杂草中及园内杂物等处越冬。第二年5～6月开始化蛹、羽化，越冬代成虫盛发期约在6月中旬，第一代成虫盛发期约在8月上旬。成虫白天潜伏，夜间交尾、产卵，卵多产于果实胴部。幼虫在果内危害20多天后老熟，随后脱果化蛹（第一代）或转移到越冬场所（第二代）越冬。5～6月降雨或灌水有利于越冬幼虫化蛹。成虫对糖醋液趋性明显。

4. 防治要点

果树休眠期，刮除枝干粗皮、翘皮，清除果树根颈周围的杂草和枯枝落叶，一并集中处理；发现虫果及时摘除，集中销毁，减少虫源。果实套袋。果树落花后果园悬挂苹小食心虫性诱捕器或糖醋液盆，诱杀成虫。果实膨大末期树干捆绑诱虫带或草把、麻袋片等，诱杀越冬幼虫。化学药剂防治抓住6月中下旬和8月上中旬的成虫产卵盛期。每次诱蛾高峰后3天内或当卵果率达0.5%～1%时，及时选用灭幼脲、氟铃脲或氯虫苯甲酰胺、甲氨基阿维菌素苯甲酸盐（简称甲维盐）等，按推荐用量叶面喷施。

三、桃蛀螟

桃柱螟［*Conogethes punctiferalis*（Guenée）］又名桃蠹螟、桃斑螟，属鳞翅目草螟科。杂食性害虫，幼虫可危害桃、梨、苹果、杏、李、石榴、葡萄等十余种果树，还可危害玉米、高粱、向日葵等40多种农作物，发生危害期长，有多种寄主的地区常转移危害。

1. 危害特点

初孵幼虫多从萼洼或果与果、果与叶贴合处等隐蔽部位钻入果内，蛀食幼嫩的核仁和果肉，并吐丝缀合虫粪粘连成丝质的隧道，可转移危害1 ~ 3个果。果实被害后，果内充满虫粪，呈“豆沙馅”状，蛀孔外堆集黄褐色透明胶液及虫粪，受害果实常变色脱落。

2. 识别方法

成虫：体长9 ~ 14毫米，全体黄色，前翅散生25 ~ 28个黑斑（图2-50）。

卵：椭圆形，长约0.6毫米，初产时乳白色，后变为红褐色。

幼虫：老熟幼虫体长22 ~ 27毫米，体背暗红色，身体各节有粗大的褐色毛片（图2-51）。

图2-50　桃蛀螟成虫

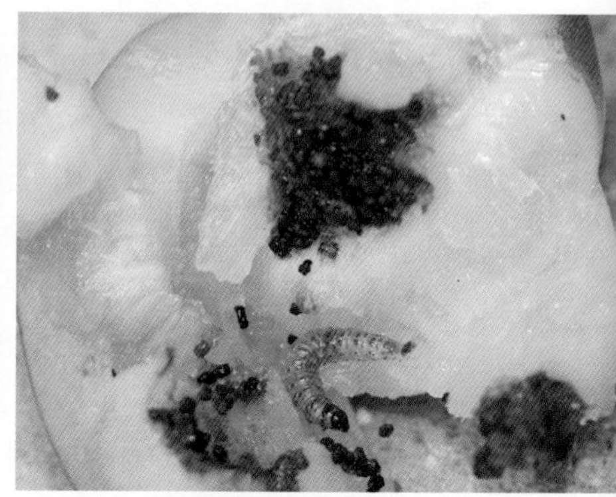

图2-51　桃蛀螟幼虫危害状
（张默　摄）

蛹：黄褐色，纺锤形，长约13毫米，腹末有6个细长曲钩刺。

茧：灰褐色。

3. 生活习性

北方1年发生2 ～ 3代。以老熟幼虫在树皮、裂缝、僵果、向日葵盘、玉米秆等处结茧越冬，或随采收的果实、向日葵种盘、高粱穗、玉米棒等在果库和农家庭院、田园遗株(玉米、蓖麻)和场院草垛(玉米、高粱秸秆)等处结茧越冬。翌年5月上旬越冬幼虫开始化蛹，果树落花后到套袋前为越冬代成虫盛发期。成虫白天静伏在寄主植物的叶背，傍晚以后活动，取食花蜜并吸食桃、葡萄等熟果的汁液。成虫有趋光性，对糖、醋有趋化性，产卵时对向日葵花盘有较强趋性。卵单产，6月上中旬为产卵盛期，6月中下旬为第一代幼虫孵化盛期。幼虫老熟后多在被害果内或果间及树皮缝中结长椭圆形白色丝茧，在茧内化蛹。8月上中旬、9月上中旬分别为第二代、第三代幼虫孵化盛期。

4. 防治要点

果树休眠期清除虫落果，刮除粗老翘皮，集中处理；5月前处理完向日葵花盘和玉米、高粱等残株，消灭越冬虫源。捡拾落果及摘除被害果，减少虫源。建园时桃、梨、苹果不宜混栽或近距离栽植。果园外围四角适当种植向日葵，开花后引诱成虫产卵，定期喷药消灭，兼诱茶翅蝽。果实套袋。果树落花后果园悬挂性诱剂或糖醋液诱捕器，安装杀虫灯或黑光灯在成虫盛发期开灯诱杀成虫，降低田间落卵量。药剂防治应抓住越冬代成虫产卵盛期至第一代幼虫孵化盛期，及时选用灭幼脲、氟铃脲或氯虫苯甲酰胺、甲维盐等，按推荐用量叶面喷施，压低虫源。

四、叶螨

叶螨主要有山楂叶螨［*Amphitetranychus viennensis*（Zacher)］、苹果全爪螨［*Panonychus ulmi*（Koch)］和二斑叶螨（*Tetranychus urticae* Koch)，属蛛形纲蜱螨目叶螨科，是北方落叶果树的主要害虫之一，食性杂，主要寄主植物有苹果、梨、桃、樱桃、葡萄等。

1. 危害特点

以成螨、若螨、幼螨刺吸寄主汁液。芽严重受害后不能继续萌发，叶片严重受害后光合作用减弱、提早脱落。当年危害表现为果实变小、单果重减轻、削弱树势，常造成二次发芽开花；翌年则表现出花芽减少、果实数量下降（图2-52）。

图2-52　叶片被害状

①山楂叶螨常群居叶背危害，严重时吐丝结网。叶片受害初期，正面出现许多苍白色斑点，后发展成褪绿斑块，严重时，叶背面呈现铁锈色，进而脱水硬化，全叶变黄褐色枯焦，形似火烧，提早脱落。②苹果全爪螨危害嫩芽，受害芽常不能正常展叶开花，甚至整芽死亡。受害叶正面布满黄白色斑点，最后全叶枯黄，但不提早落叶，也不拉丝结网。③二斑叶螨多在叶背取食和繁殖，叶片受害初期叶脉两侧失绿，逐渐扩大连片，后全叶焦枯，虫口密度大时叶面上结薄层白色丝网，或在新梢顶端群集成虫球。

2. 识别方法

（1）山楂叶螨。

成螨：夏型雌成螨体长0.5 ~ 0.7毫米，长卵圆形，红色至暗红色，背部稍隆起；冬型雌成螨体长0.3 ~ 0.4毫米，枣核形，体鲜红色，尾端尖削（图2-53）。

图2-53　山楂叶螨雌成螨

卵：圆球形，光滑，浅黄白至橙黄色（图2-54）。

幼螨：有3对足，初孵时圆形、黄白色，取食后渐变为椭圆形、淡绿色，体背两侧出现深绿色长斑。

图2-54　山楂叶螨卵

若螨：有4对足，近球形，淡绿至浅橙黄色，后期近似成螨。

（2）苹果全爪螨。

成螨：雌成螨体长0.4 ~ 0.5毫米，红色至深红色，卵圆形，体背隆起，有13对白色瘤状突出，每个瘤上生有1根黄白色刚毛（图2-55）。

图2-55　苹果全爪螨雌成螨

卵：葱头形，顶部中央有1根细毛，夏卵橘红色，冬卵深红色（图2-56）。

幼螨：有3对足，冬卵孵出的幼螨淡红色，取食后为暗红色；夏卵孵出的幼螨淡黄色，后变为橘红到深绿色。若螨有4对足，前期体色较幼螨深，后期形似成螨。

图2-56 苹果全爪螨卵

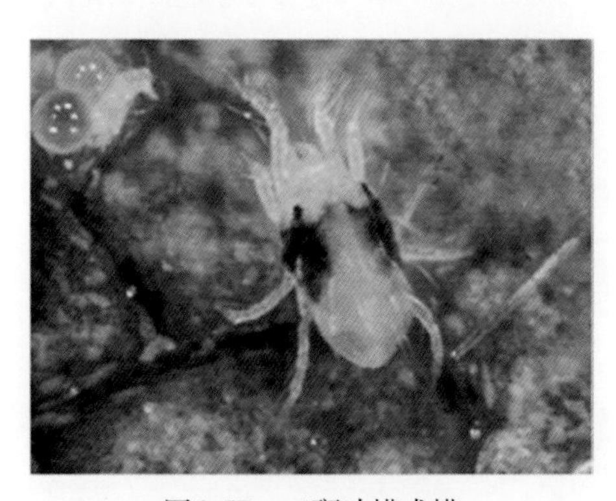

图2-57 二斑叶螨成螨

图2-58 二斑叶螨卵

（3）二斑叶螨。

成螨：体色多变，黄白色或灰绿色，体背两侧各具1块黑褐色长斑（图2-57）。

卵：圆球形，直径约0.1毫米，光滑，初期无色透明，后渐变为橙红色，即将孵化时出现2个红色眼点（图2-58）。

幼螨：初孵时近圆形，无色透明，取食后变为暗绿色，3对足。

若螨：椭圆形，黄绿色或深绿色，4对足。

3. 生活习性

山楂叶螨在北方果区1年发生6～10代，以受精雌成螨在果树主干、主枝及侧枝的粗老翘皮、裂缝中及主干周围的土壤缝隙中群集越冬。第二年苹果花芽萌动后开始出蛰危害，一般苹果现蕾后至开花前是其出蛰盛期，苹果盛花期越冬代成螨开始产卵，7～8月高温干旱季节是全年发生危害高峰期。山楂叶螨行动不太活泼，常群聚叶背危害，有吐丝结网习性，卵产于丝网上。越冬雌成螨出蛰后顺枝干爬行扩散，最初集中在树冠内部，随着螨量增加，叶片营养条件变劣，成螨由树冠内膛向外围转移扩散。高温干旱是促其大发生的重要气候因素，在平均气温为24 ～ 26℃的6 ～ 8月，叶螨发育进程加快，每月可繁殖2 ～ 3代，害螨数量急剧增长，一直危害至10月。

苹果全爪螨1年发生6 ～ 9代，以卵在短果枝、果台或2年生以上的小果枝上越冬。第二年苹果开花前日平均气温大于10℃时越冬卵开始孵化，3 ～ 5天后进入盛期。此期气温高而稳定则卵孵化整齐，高峰集中，是化学防治的有利时期。幼螨、若螨和成螨主要在嫩叶叶背活动取食，静止期大多在叶背基部主脉、侧脉两侧。雌成螨较活跃，多在叶片正面活动危害，一般不吐丝结网，在种群密度过高、营养条件不良时可吐丝下垂，借风扩散。高温干旱有利于苹果全爪螨繁殖危害，果实膨大期是全年危害最重的时期。

二斑叶螨1年发生8 ～ 12代，以雌成螨在树干翘皮下、粗皮缝内、杂草、落叶以及土缝中越冬。当春季日平均气温达到10℃左右时，越冬雌成螨开始出蛰，北方果区一般开花前达到出蛰盛期。地面越冬的成螨先在阔叶杂草或根蘖上危害繁殖，在树上越冬的或爬上树的雌成螨先在树冠内膛取食危害、产卵繁殖，每头雌螨可产50 ～ 200粒卵，此后逐渐向树冠外围扩散。二斑叶螨有吐丝拉网的习性，成螨常在丝网上爬行并产卵。夏季高温少雨有利于该螨繁殖危害，幼果期出现危害高峰，7 ～ 8月出现大量被害叶，受害严重的果树常造成早期落叶。果实膨大后期开始陆续出现越冬型雌成螨。

4. 防治要点

果树休眠期刮除粗老树皮，清洁果园。果园行间生草或保留自然杂草。加强栽培管理，合理负载，增施有机肥，不偏施氮肥，及时浇水，中耕除草，剪除树根上的萌蘖。害螨越冬前（8 ～ 9月），树干捆绑诱虫带或束草把、麻袋片等，诱杀越冬害螨。保护利用果园自然天敌，如捕食螨、食螨瓢虫、花蝽、草蛉等；或于套袋前人工释放胡瓜钝绥螨、巴氏钝绥螨等天敌。

药剂防治方面，果树萌芽前树上喷施石硫合剂，消灭树上越冬成螨。生长期防治一定要掌握“适期偏早”的原则，选择最佳防治时期用药。越冬螨出蛰盛期至第一代螨卵孵化初期是药剂防治的最佳时期，此时害螨抗性最弱。3个用药关键时期即谢花后半个月、第一代螨卵孵化期和7月下旬至8月发生初盛期。药剂选择要综合考虑果树生育期、气候条件、害螨发生规律、药剂性质等多方因素，对症下药，严格控制用药次数和用药浓度，轮换、交替使用不同机制的杀螨剂。早春气温低时，应选用速杀性较好、在低温下能充分发挥药效的杀螨剂如哒螨灵或唑螨酯，压低害螨基数。卵多螨少且二者并存时，选用杀卵效果好、卵螨兼治的长效型杀螨剂如四螨嗪或噻螨酮。当害螨的成螨、若螨、卵并存时，害螨危害进入高峰期，选用对螨各虫态都有效的杀螨剂，如联苯肼酯、乙螨唑、螺螨酯等。杀螨剂多具触杀性，而无内吸传导性，因此喷雾时一定要均匀周到，不能漏喷，除树冠外围外，果树内膛及骨干枝基部叶丛和外围枝叶片的正反两面都要喷到，尤其是叶片背面主脉两侧螨卵密集处。施药后6小时内遇雨要重新补喷。

五、蚜虫

危害苹果的蚜虫主要有绣线菊蚜（*Aphis citricola* Van der Goot）和苹果瘤蚜（*Ovatus malisuctus* Matsumura），属半翅目蚜科。该虫在全国苹果产区均有发生，危害苹果、梨、桃、李、杏、沙果、樱桃、柑橘、枇杷等多种果树。

1. 危害特点

以成蚜、若蚜群集危害新梢、嫩芽、叶片。被害叶皱缩不平，从边缘向背面横卷（绣线菊蚜）或纵卷（苹果瘤蚜），叶面凹凸不平。新梢被害后生长不良，影响树冠扩大（图2-59）。严重时还危害幼果，在果面造成许多稍凹陷红斑。

图2-59　新梢被害状

2.识别方法

(1) 绣线菊蚜。

无翅胎生雌蚜：体长1.4 ~ 1.8毫米，体黄色、绿色或黄绿色，头部淡黑色，身体两侧有乳头状突起，触角丝状且显著较体短。

有翅胎生雌蚜：体长1.5毫米，头、胸部黑色，腹部淡绿色，腹部两侧有黑色斑纹。

卵：椭圆形，初为淡黄色，后变漆黑色，有光泽。

若蚜：体长约1毫米，鲜黄色，腹管较短，腹部较肥大（图2-60）。

图2-60　绣线菊蚜有翅蚜、若蚜及天敌瓢虫的幼虫

(2) 苹果瘤蚜。

成虫：有翅成蚜体长1.5毫米

左右，卵圆形，头、胸部黑色，腹部青绿色或深绿色，头部触角中间有一明显瘤状凸起；无翅成蚜体长1.4 ～ 1.6毫米，卵圆形，全体黄绿色、暗绿色、褐色或红褐色，触角比体短，除第3、4节的基半部为淡绿色或淡褐色外，其余全为黑色。

卵：长椭圆形，黑绿色，有光泽。

若蚜：体小，浅绿色。

3. 生活习性

两种蚜虫均1年发生10余代，以卵在枝条芽缝或树皮裂缝内越冬。翌年苹果萌芽后，越冬卵开始孵化。经10天左右产生无翅胎生雌蚜。苹果树落花后至套袋前虫口数量骤增，套袋后虫口数量大大下降，随着气温升高，开始产生有翅雌蚜，向杂草和其他寄主转移。10月产生有性蚜，迁回到苹果树上，交尾后产卵越冬，每头雌蚜产卵1 ～ 6粒。蚜虫危害有趋嫩性，常群集在新梢的嫩芽、嫩叶和嫩梢上刺吸汁液，导致卷叶。果树春梢、秋梢抽生期是全年两个主要危害时期。

4. 防治要点

结合冬剪，剪除被害枝梢，铲除越冬场所。果园生草或保留自然杂草，保护利用瓢虫、草蛉、食蚜蝇、花蝽、蚜茧蜂、蚜小蜂等自然天敌，或于落花后助迁瓢虫控蚜。果树萌芽前树上喷施石硫合剂。果树落花后至套袋前是全年防治的关键时期，可选用氟啶虫胺氰或啶虫脒、烯啶虫胺等新烟碱类药剂，按推荐用量叶面喷雾。

六、苹果绵蚜

苹果绵蚜（*Eriosoma lanigerum* Hausmann）属半翅目绵蚜科，又名赤蚜、血色蚜虫、棉花虫，曾是国内多个省份的省间补充检疫对象，主要危害苹果、海棠、沙果等苹果属植物。

1. 危害特点

常群集于果树的枝干、枝条、剪锯口、树皮裂缝及根部危害，吸取汁液。虫体上覆盖白色棉絮状物，发生高峰期常使整个果树枝条、叶片盖满白色棉絮状物。被害部位逐渐形成瘤状突起，后破裂，导致树体衰弱（图2-61）。发生严重时蚜虫还集中在果实萼洼及梗洼处。

图2-61　枝条被害状

2. 识别方法

无翅胎生蚜：体卵圆形，暗红褐色，长1.8 ~ 2.2毫米，体背有4排纵列的泌蜡孔，全身覆盖白色蜡质绵毛。

有性雌蚜：体长约1毫米，头、触角及足均为淡黄绿色，腹部红褐色，稍被白色绵状物。有性雄蚜体长约0.7毫米，黄绿色，腹部各节中央隆起，有明显沟痕。

卵：椭圆形，长约0.5毫米，初产为橙黄色，后渐变为褐色。

若蚜：圆筒形，绵毛稀少，触角5节，喙长超过腹部。

3. 生活习性

1年发生12 ~ 21代。主要以一、二龄若蚜在果树根部、枝干、病虫伤疤边缘缝隙、剪锯口、根蘖基部或残留的蜡质绵毛下越冬。第二年果树芽萌动时开始出蛰活动，孤雌胎生，苹果落花后初龄若虫逐渐扩散、迁移至当年生嫩枝叶腋及嫩芽基部危害，此时期种群数量小，虫体易着药，是药剂防治的第一个关键时期。5月下旬至7月初平均气温在22 ~ 25℃，是全年繁殖危害盛期。6月下旬至7月上旬出现全年第一次盛发期。7 ~ 8月由于高温、降雨、苹果绵蚜蚜小蜂等天敌的影响，其发生受到抑制，虫口密度减小。

9月中旬后种群数量又开始回升，出现第二次盛发期。11月中旬平均气温逐渐降至7℃，若蚜进入越冬状态。近距离传播以有翅蚜迁飞为主，远距离传播主要通过苗木、接穗、果实等的调运。

4. 防治要点

不从苹果绵蚜发生区，特别是发生果园调运苗木、接穗及果实，防止苹果绵蚜传入非发生区。果树休眠期，结合冬剪剪除病虫枝，刮除枝干粗皮、翘皮，用粗硬毛刷涂刷，清理剪锯口和病虫伤疤周围的苹果绵蚜群落，彻底刨除根蘖，带出园外集中烧毁处理，压低越冬基数。果园操作时防止人为传带。加强果园栽培管理，合理施肥，适当提高磷钾肥施用量，增强树势。

药剂防治，一是药剂涂干，果树休眠期涂刷剪锯口及病虫伤疤等苹果绵蚜群集越冬处，早春群聚蚜虫大量由地下向树上迁移时，将树干基部老皮刮出宽约10厘米的一道环，露出韧皮部，涂刷药环，药剂可选用毒死蜱、吡虫啉等，按推荐用量倍数提高10倍配制好药液；二是根部药剂处理，果树萌芽至落花后，越冬苹果绵蚜在根部浅土处繁殖危害，将树干周围1米内的土壤扒开，露出根部，每株灌注毒死蜱或阿维·辛加吡虫啉等，药液干后覆土，集中灭蚜，降低虫源基数；三是叶面喷雾，叶面喷雾防治的关键期是苹果萌芽后开花前、落花后7 ～ 10天和秋梢期绵蚜发生高峰前，可选用毒死蜱、氟啶虫酰胺、吡虫啉等，按推荐用量重点喷施树干、树枝的剪锯口、伤疤、缝隙等处，周到细致，压力要稍大些，喷头直接对准虫体，将其身上的白色蜡毛冲掉，使药液尽量接触虫体，提高防效。

七、金纹细蛾

金纹细蛾［*Phyllonorycter ringoniella*（Matsumura）］属鳞翅目细蛾科，又名金纹小潜叶蛾、苹果细蛾。该虫广泛分布于各苹果主产区，除危害苹果外，还危害梨、桃、李、樱桃等果树。

1. 危害特点

幼虫孵化后由卵壳底部直接从叶背潜入叶片上下表皮之间取

食叶肉，致使叶正面被害处成黄白色透明网眼状拱起，叶背被害处仅剩下皱缩表皮，形成约1厘米的椭圆形虫斑，幼虫潜伏其中（图2-62），老熟后化蛹，虫斑内残存网状未被啃食的绿色叶肉组织和黑色虫粪。成虫羽化时，前半部蛹壳露出虫斑外，极易识别。内膛受害程度明显高于外围，树冠北侧高于树冠南侧。严重时单片叶上虫斑多达15 ~ 20个，造成虫叶早落，影响树势。

图2-62　叶片被害状

2. 识别方法

成虫：金黄色，体长2 ~ 3毫米，翅展约6毫米；头部银白色，顶端有两丛金色鳞毛；前翅狭长，金黄色，从基部至中部有2条银白色条纹，端部前、后缘各有3条银白色放射状条纹，金银两色之间夹有黑线（图2-63）。

图2-63　金纹细蛾成虫

卵：扁椭圆形，长约0.3毫米，乳白色，有光泽。

老熟幼虫：淡黄色至黄色，体长4 ~ 6毫米，细纺锤形（图2-64）。

蛹：黄褐色，约4毫米，头两侧各有1个角状突起，触角较

图2-64　金纹细蛾幼虫

图6-65　金纹细蛾蛹

体长（图2-65）。

3. 生活习性

1年发生4 ~ 5代。以老熟幼虫或蛹在落叶虫斑内越冬。翌年苹果树花芽萌动时成虫开始羽化。成虫多于早晨或傍晚围绕树干附近飞舞交尾、产卵，一般先在萌蘖苗或树冠下部的叶片上产卵，苹果树展叶后产在嫩叶背面，单粒散产，每只雌蛾平均产卵40 ~ 50粒，卵期7 ~ 10天。果树开花前3月下旬至4月上旬为越冬代成虫高峰期。第一至四代成虫高峰期分别为6月上中旬幼果套袋期、7月上中旬花芽分化期、8月上中旬果实膨大期和9月中下旬果实成熟着色期。除越冬代和第一代成虫（落花后至套袋前）发生比较集中外，其余各代世代重叠现象严重。果树开花前后降水量多，有利于卵的孵化和幼虫成活。天敌寄生蜂种类较多，以跳小蜂和姬小蜂为主。

4. 防治要点

果树休眠期彻底清除虫叶、落叶，集中烧毁。果园生草，保护利用天敌。苹果谢花后，彻底剪除萌蘖苗并加以处理，消灭其上的卵及幼虫。果树花芽露红期，田间设置性信息素及配套诱捕器诱杀成虫，每亩5 ~ 8个，降低当年虫口数量。幼果期如性诱成虫数量大时，可于诱蛾高峰7天后优先使用多杀菌素、苏云金杆菌(Bt)乳剂等生物农药，或氟铃脲、灭幼脲等几丁质生物合成抑制剂，或甲氧虫酰肼等蜕皮激素促进剂，按推荐用量叶面喷雾。

八、旋纹潜叶蛾

旋纹潜叶蛾（*Leucoptera scitella* Zeller）又名旋纹潜蛾、苹果潜蛾，属鳞翅目潜蛾科。该虫可危害苹果、梨、沙果、海棠、木瓜等果树。

1. 危害特点

幼虫从叶背潜入叶片危害，受害处初为一黄褐色小圆点，后幼虫呈螺旋状串食叶肉，粪便排于隧道中现出同心轮纹状黑纹，叶片不皱缩。严重时一片叶上有数个虫斑，造成早期落叶，影响树势（图2-66）。

图2-66　叶片被害状

2. 识别方法

成虫：体长2 ～ 2.5毫米，翅展6 ～ 6.5毫米，银白色，头部背面有一丛竖起的白色鳞毛，触角丝状，前翅前缘及后缘外侧有7条褐色斜纹，前翅后缘角有2个紫色大斑。

卵：扁椭圆形，灰白色，上有网状纹，孵化前中央下陷。

老熟幼虫：扁圆筒形，体黄白或乳白色，长约5毫米，胴部节间细（图2-67）。

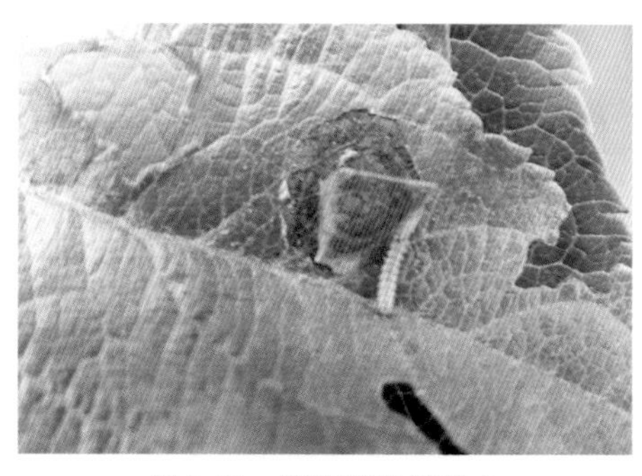

图2-67　旋纹潜叶蛾幼虫

蛹：纺锤形，体长约3毫米，初为黄褐色，近羽化时变为黑褐色。

茧：丝质，白色梭形，茧外覆盖“工”字形丝幕。

3. 生活习性

1年发生3～5代。以蛹在树干、主枝分叉、翘皮和落叶中结白色丝茧越冬。落花后7～10天为越冬代成虫盛期。成虫喜在中午气温高时飞舞活动，夜间静伏于枝、叶上不动。卵多散产在老叶背面，5月下旬出现第一代幼虫。初孵幼虫即从卵壳下蛀入叶内取食，但不取食全部叶肉，也不伤及表皮。幼虫老熟后从虫斑的一角咬孔脱出，吐丝下垂随风摇摆，遇到叶片或枝条则附着其上，在凹陷处作茧化蛹。6月中旬出现第一代成虫，第二、三代幼虫发生盛期分别在7月中下旬和8月中旬。9月中旬后老熟幼虫陆续到侧枝、主枝、主干等处的粗皮缝隙处作茧化蛹越冬。

4. 防治要点

冬春彻底清洁果园，清扫落叶杂草，刮除树干粗老翘皮集中烧毁，消灭越冬茧。秋季树干捆绑诱虫带或束草把诱集越冬虫体，早春解除烧毁。果园生草，保护苹果潜叶蛾姬小蜂、梨潜皮蛾姬小蜂等自然天敌。果园悬挂性诱芯及其配套诱捕器诱杀成虫，减少落卵量。药剂防治抓住第一、二代幼虫发生盛期，药剂参考金纹细蛾。

九、银纹潜叶蛾

银纹潜叶蛾（*Lyonetia prunifoliella* Hubner）属鳞翅目潜蛾科。该虫在苹果各产区均有发生，危害苹果、沙果、海棠等多种果树。

1. 危害特点

幼虫从新梢叶片叶缘处潜入上下表皮间取食叶肉，初为线形虫道，后由细变粗，仅留上下表皮，叶缘被害处形成大块枯黄色虫斑，虫斑背面有黑褐色细粒状虫粪，严重时被害叶焦枯脱落（图2-68）。

图2-68 叶片被害状

2. 识别方法

成虫：体长3 ~ 4毫米，分夏型和冬型。夏型成虫银白色，有光泽，头顶有鳞毛簇，触角丝状，基部粗大形成眼盖，前翅窄长，近翅基2/3处为银白色，翅端1/3处银白色上有黑色扁圆形和橙黄色近圆形的斑纹各1个，并有8 ~ 9条古铜色长条纹，伸向翅的前缘、外缘和后缘，呈放射状排列。冬型成虫的前翅斑纹多呈黑褐色，前缘内的1条纹直达翅基，呈锯齿状，其他同夏型成虫。

卵：球形，乳白色，直径约0.35毫米。

幼虫：体长4.5~6毫米，淡绿色，细长略扁，头部淡褐色（图2-69）。

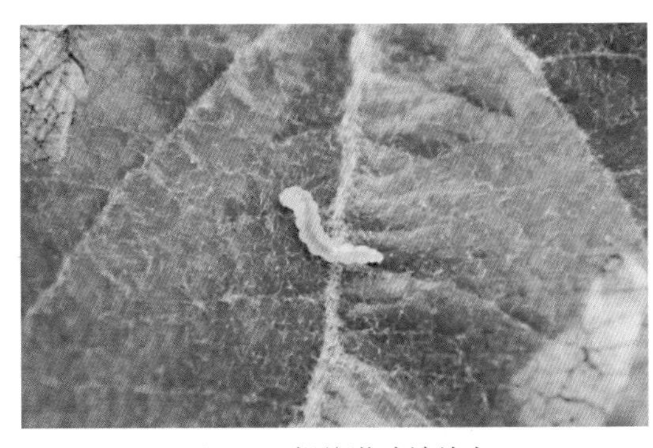

图2-69 银纹潜叶蛾幼虫

3. 生活习性

1年发生5代。以冬型成虫在杂草落叶和土石缝内越冬。苹果落花期（5月上中旬）越冬成虫开始产卵，卵单粒散产，只产在果树新梢4 ~ 5个嫩叶叶背锯齿处的叶肉组织中，卵期5 ~ 8天。5月中下旬第一代幼虫开始危害，6月中下旬出现第一代成虫。第2 ~ 5代成虫分别在7月上中旬、7月下旬至8月中旬、8月下旬至9月上旬、9月中旬至10月中旬出现，6 ~ 9月都有幼虫危害，世代重叠。老熟幼虫咬破表皮爬出叶外，吐丝下垂到枝条下部叶片或被害叶片以下的3 ~ 4个叶片背面，在叶背拉3 ~ 4根白色细丝呈担架形，悬空作梭形小茧，茧内化蛹。蛹淡绿色，蛹期6 ~ 12天。成虫飞翔力不强，多夜间活动，无趋光性。危害高峰与春、秋梢密切相关。

4. 防治要点

清扫果园落叶、枯枝和杂草并深埋，消灭越冬虫源。生长期剪除虫梢并销毁。一般不需要药剂防治，确有需要可于春秋梢抽生期，优先选用虫酰肼、灭幼脲、除虫脲、氟铃脲等药剂。

十、苹小卷叶蛾

苹小卷叶蛾［*Adoxophyes orana*（Fischer von Röslerstamm）］属鳞翅目卷叶蛾科，又称棉褐带卷蛾、茶小卷叶蛾、舔皮虫等。该虫在国内分布很广，主要危害苹果、桃、李、杏等果树。

1. 危害特点

主要以幼虫危害叶片、果实，通过吐丝结网将叶片连在一起造成卷叶，幼虫躲在卷叶中啃食叶肉，将叶片吃成网状（图2-70）。第一、二代幼虫除卷叶危害外，还常在叶与果、果与果相贴处啃食果皮，使果面出现多个形状不规则的坑洼。

图2-70　新梢叶片被害状

2. 识别方法

成虫（图2-71）：黄褐色，体长7 ~ 9毫米，前翅深褐色，斑纹褐色，翅面上有2条浓褐色不规则斜向条纹，自前缘向外缘伸出，外侧的一条较细，中带前窄后宽，双翅合拢呈V形。

图2-71　苹小卷叶蛾成虫

卵：扁椭圆形，直径0.6 ~ 0.7毫米，初产卵淡黄色、半透明，近孵化时呈黑褐色，卵块的卵粒排列呈鱼鳞状。

幼虫（图2-72）：淡黄绿至翠绿色，体长13 ~ 15毫米，虫体细长。

图2-72　苹小卷叶蛾幼虫

蛹（图2-73）：黄褐色，长9 ~ 11毫米。

3. 生活习性

1年发生2 ~ 4代。以二龄幼虫在果树裂缝或翘皮下、剪锯口等缝隙内结白色茧越冬。第二年春季苹果树萌芽时越冬幼虫出蛰，危害果树新梢顶芽、嫩叶、花蕾，稍大时将数个叶片用虫丝缠缀在一起，形成虫苞。叶片老熟或取食完虫苞叶片后，转出虫苞重新缀叶结苞危害。幼虫活泼，卷叶受惊动时会爬出卷苞，吐丝下垂。初孵幼虫多分散在卵块附近叶片背面、重叠的叶片间和果叶贴合的地方，啃食叶肉和果面。老熟幼虫在卷叶苞或果叶贴合处化蛹。蛹经6 ~ 9天羽

图2-73　苹小卷叶蛾蛹

化为成虫。越冬代成虫羽化后2 ～ 3天产卵，卵喜产于较光滑的果面或叶片正面。1头雌虫可产卵2 ～ 3块，卵粒数量从几粒到200粒不等。在三代发生区，各代成虫发生期分别为6月中下旬（越冬代）、7月中下旬（第一代）、8月下旬至9月上旬（第二代）。成虫具有较强的趋化性和趋光性，对糖醋液和黑光灯趋性较强。

4. 防治要点

果树休眠期至萌芽前，彻底刮除主干、侧枝上的粗老翘皮，带出园外烧毁；生长期及时摘除虫苞，杀死幼虫和蛹。保护利用自然天敌。果园安装杀虫灯或黑光灯诱杀成虫。果实套袋。树冠外围悬挂苹小卷叶蛾性诱捕器或糖醋液盆诱杀成虫，每亩放置5 ～ 8套。果园释放松毛虫赤眼蜂，于成虫卵始期（性诱到成虫后3 ～ 5天）立即开始第一次放蜂，每隔5天放1次，连放3 ～ 4次，每亩放蜂10万头左右，若遇连阴雨天气，应适当多放。抓住越冬幼虫出蛰盛期及第一代幼虫初孵阶段进行药剂防治，药剂参考金纹细蛾。

十一、顶梢卷叶蛾

顶梢卷叶蛾（*Spilonota lechriaspis*）又名芽白小卷蛾、顶芽卷叶蛾，属鳞翅目卷叶蛾科。该虫在苹果各产区均有发生，尤以山地苹果幼园发生重，危害苹果、梨、桃、海棠等果树。

1. 危害特点

主要以幼虫危害果树嫩梢及生长点，影响新梢发育及花芽形成，尤以幼树及苗木受害重。幼虫吐丝将数片嫩叶缠缀成拳头状虫苞，并潜藏于苞内取食。嫩梢顶芽受害后常歪向一侧呈畸形生长（图2-74）。被害顶梢的卷叶团干枯后不脱落（图2-75）。

2. 识别方法

成虫：体长6 ～ 7毫米，灰白色，前翅基部1/3处和中部各有一暗褐色弓形横带，后缘近臀角处有一近似三角形褐色斑，外缘至臀角间有6 ～ 8条黑褐色平行短纹，两翅合拢时后缘的三角斑合为菱形。

图2-74　新梢被害状

卵：扁椭圆形，乳白色，渐变淡黄色，卵壳上有明显的横纹。

幼虫：老熟幼虫体长8 ~ 10毫米，污白色，头壳红褐色或褐色，具有黑褐色斑纹，单眼区黑色，后方有长条斑，前胸背板和胸足均为黑色（图2-75）。

图2-75　顶梢卷叶蛾越冬幼虫

蛹：长约5毫米，纺锤形，黄褐色。

3. 生活习性

北方地区1年发生2 ~ 3代。以二龄幼虫在各类枝梢顶端的卷叶团中结茧越冬，少数在侧芽和腋芽上越冬。翌年早春苹果树发芽时，越冬代幼虫出蛰危害嫩芽，先在顶部第1 ~ 3芽内，之后转移至下部嫩芽上危害。随着新梢抽出和叶簇展开，幼虫将其缀卷成团作新茧。一般1个顶梢1头幼虫，幼虫老熟后在卷叶团中作茧化蛹。卵多产于新梢叶片背面，卵期4 ~ 5天。第一代幼虫主要危害春梢，第二、三代幼虫则危害秋梢。幼树和管理粗放果园发生较重。

4. 防治要点

结合冬、春修剪，剪除枝梢上的卷叶虫苞；发芽前，彻底清除果园内的落叶、杂草，集中深埋或烧毁，消灭越冬害虫。诱杀成虫，果树开花前悬挂性诱芯或糖醋液诱捕器；或安装杀虫灯或黑光灯，于新梢期傍晚开灯诱杀成虫。药剂防治抓住苹果树开花前越冬幼虫出蛰盛期和第一代幼虫发生初期（具体时间可通过园内的性诱剂或糖醋液诱捕器进行监测确定），及时喷药防治，药剂参考金纹细蛾。

十二、梨星毛虫

梨星毛虫（*Illiberis pruni* Dyar）又名梨叶斑蛾，俗称饺子虫，属鳞翅目斑蛾科。该虫危害苹果、梨、桃、杏、山楂、樱桃、沙果等多种果树。

1. 危害特点

以幼虫危害花芽、叶片和花蕾。早春初龄幼虫蛀入芽内或花苞内取食，被害芽和花蕾枯死，被害花苞常有黄褐色黏液溢出。苹果展叶后，大龄幼虫转移到叶片上吐丝，将叶缘两边向正面粘合成饺子状的叶苞，故称饺子虫（图2-76）。幼虫在叶苞内啃食叶

图2-76　叶片被害状

肉，残留网状叶脉和下表皮，受害叶变黄、枯萎、凋落。幼虫还啃食果实表面，形成米粒大小的虫洞。

2. 识别方法

成虫：体长9 ~ 12毫米，黑褐色，翅半透明，翅面有黑色鳞毛。

卵：扁椭圆形，初产时白色，后变为黄白色，数十粒乃至一二百粒聚产成块。

幼虫：初龄幼虫淡紫褐色，老熟时乳白色，身体粗短、肥胖，体背中央有一黑色纵线，两侧有10对圆形黑毛疣（图2-77）。

图2-77　梨星毛虫老熟幼虫

蛹：初为黄白色，近羽化时为黑褐色，蛹外被白色薄丝茧。

3. 生活习性

北方果区1年发生1 ~ 2代，以二至三龄幼虫在树干粗皮裂缝中、翘皮下结白色薄丝茧越冬，也有低龄幼虫钻入花芽中越冬。第二年果树萌芽时，越冬幼虫破茧爬出，4月中旬进入出蛰盛期，危害芽、花蕾和嫩叶；5月上中旬是叶片危害盛期，初孵幼虫先群集于叶背啃食，后逐渐分散，大龄幼虫吐丝将叶片缀成饺子状，在其中啃食叶肉，1头幼虫可转移危害6 ~ 8片叶，幼虫老熟后在包叶内结薄茧化蛹。6月出现第一代幼虫，8月中下旬开始出现第二代幼虫。成虫昼伏夜出，伏于叶背，产卵于叶背。

4. 防治要点

苹果萌芽前，刮除枝干粗老翘皮，集中深埋或烧毁；9月树干捆绑诱虫带或草把诱集越冬幼虫。结合疏花疏果，及时摘除虫苞集中深埋，减轻第二代危害。药剂防治抓住越冬代幼虫出蛰后(花芽膨大期)这一关键时期，选择多杀菌素或灭幼脲3号或虫酰肼等，按推荐用量叶面喷雾；重发果园6月幼虫发生量大时，可选用阿维菌素、氯虫苯甲酰胺等再防治1次。

十三、梅木蛾

梅木蛾（*Odites issikii* Takahashi）又称五点木蛾、卷边虫等，属鳞翅目木蛾科。该虫主要危害苹果、樱桃、梅、梨、葡萄、李、桃等，为果园偶发性、暴食性害虫，在陕西、河北、辽宁等省均有发生。

1. 危害特点

初孵幼虫在叶片正面或背面构筑“一”字形隧道，二至三龄幼虫在叶缘向叶正面或背面卷边，吐丝纵折成约1厘米长的虫苞，潜藏其中咬食虫苞两端的叶肉。老熟幼虫将叶片吃成大缺刻，并沿叶缘将剩余的一部分纵卷成筒状，叶筒一端与叶片连接，幼虫在筒中化蛹（图2-78）。幼虫还啃食幼果，形成圆形的坑凹，但不蛀入果内。

图2-78　叶片被害状

2. 识别方法

成虫：体长6 ~ 7毫米，翅展16 ~ 20毫米，体黄白色，头部有白色鳞片，翅灰白色，缘毛细长，前翅近基部1/3处有一近圆形黑斑，与胸部黑斑组成明显的5个大黑点，前翅外缘还有1列小黑点。

卵：长圆形，米黄色至淡黄色，卵面有细密的凸起花纹。

幼虫：老熟幼虫体长10 ~ 15毫米，黄绿色，头和前胸背板赤褐色（图2-79）。

图2-79　梅木蛾幼虫

蛹：长约8毫米，头部有一凹凸不平的球形凸起物。

3. 生活习性

北方1年发生2～3代，以初龄幼虫在树皮裂缝中、翘皮下结薄茧越冬，茧外附有细粒状红褐色粪便。第二年果树发芽后越冬幼虫出蛰危害，5月中旬开始化蛹，5月下旬至6月底出现越冬代成虫。卵单粒散产，多在春梢嫩芽叶背主脉两侧。幼虫多在夜间取食，主要危害春梢、夏梢和秋梢幼嫩叶片，有随风飘移和吐丝现象。全年危害高峰与苹果抽梢期密切相关，几乎每一次苹果抽梢都伴随着幼虫的危害高峰，3次危害盛期分别在4月初至5月中旬、6月下旬至7月下旬、9月中旬至10月中旬。

4. 防治要点

秋冬刮除粗老翘皮，清扫果园枯枝、落叶，集中烧毁；巡视果园时发现虫苞及时摘除并销毁。果园安装杀虫灯或黑光灯诱杀成虫。药剂防治，抓住越冬幼虫出蛰盛期和果树新梢抽生期，检查新梢幼嫩叶片，当见到初孵幼虫后约10天即施药，有效防治第一代幼虫，减轻后期防治压力，药剂可选用多杀菌素或灭幼脲3号等生物药剂，或甲氧虫酰肼、阿维菌素、氯虫苯甲酰胺等化学药剂，按推荐用量叶面喷雾，喷雾时要均匀、细致、周到，特别是外围新梢嫩叶的正反面一定要喷到。

十四、绿盲蝽

绿盲蝽（*Apolygus lucorum* Meyer-Dür）属半翅目盲蝽科，别名花叶虫、小臭虫等，寄主广泛，除危害苹果、葡萄、樱桃、枣树等多种果树外，还危害棉花、马铃薯、瓜类、苜蓿、十字花科蔬菜、桑、麻类、豆类、玉米，甚至阔叶杂草等。

1. 危害特点

主要以成虫和若虫刺吸危害叶、芽、新梢等幼嫩组织（图2-80）。嫩叶受害初期形成针刺状红褐色小点，随着被害叶片长大，以被害处为中心形成许多不规则孔洞，叶缘残缺破碎、畸形皱缩，俗称“破叶疯”。幼果受害后，多在刺吸点处溢出红褐色胶质物，后以刺吸点为中心，形成表面凹凸不平的木栓组织，之后随果实膨大，刺吸处逐渐凹陷成畸形果（图2-81）。因虫体相对较小、体色与寄主相近、成虫昼伏夜出且迁飞性强、危害隐蔽、危害状滞后出现，常导致危害不能及时被发现。

图2-80　新梢被害状

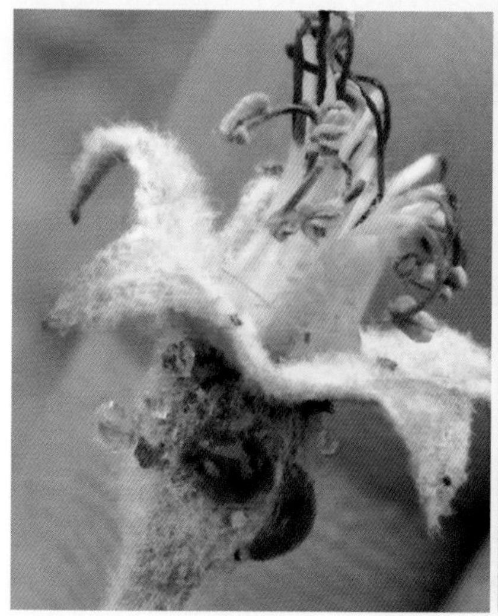

图2-81　幼果被害状

2. 识别方法

成虫：体长约5毫米，卵圆形，黄绿色，密被短毛，触角绿色；前翅绿色，基部革质、端部膜质，半透明。卵黄绿色，卵盖奶黄色，中央凹陷，两端突起。

若虫：有5龄，体绿色，与成虫相似，虫体短且粗，三龄若虫出现翅芽，翅芽端部黑色，长达腹部第四节；五龄后全体鲜绿色，体表多黑色细毛。

3. 生活习性

绿盲蝽1年发生4 ~ 5代，以卵越冬，越冬场所多样，如果树芽鳞内、剪锯口、病残枝等处，果园周围的枣树、葡萄、樱桃等作物上，甚至杂草叶鞘缝处、枝皮缝隙内等。第二年果树花序分离期开始孵化，花芽露红期是顶芽越冬卵孵化盛期，孵化的若虫集中危害花器、幼叶。落花后幼果期是越冬代成虫羽化高峰期，也是集中危害幼果期。此后交配产卵，卵喜产于嫩叶、嫩茎或叶脉处，卵期6 ~ 10天，若虫期15 ~ 25天，成虫期35 ~ 50天，遇高温则其发育期缩短。苹果园中主要是第一、第二代成若虫危害，相对发育整齐，此后世代重叠；7月后，大量成虫转移至园外其他寄主植物上危害；9月下旬后，末代成虫陆续迁回果园，多在果树的顶芽处产卵越冬。

绿盲蝽喜湿，相对湿度70%以上时卵才能大量孵化。相对湿度在80% ~ 90%、气温20 ~ 30℃时易大发生，高温低湿时发生较轻。若早春雨量大、湿度大，有利于其他野生寄主上的越冬卵孵化，则发生重。成虫昼伏夜出，白天一般潜伏在树下杂草及行间作物上，早、晚上树危害。

4. 防治要点

果树休眠期清园，刮除粗老翘皮，清除杂草、枯枝落叶等并及时烧毁，减少越冬卵基数。果树萌芽期树干涂粘虫胶。花芽露红期，果园悬挂绿盲蝽性诱捕器诱杀成虫。果树萌芽前，用石硫合剂清园；生长期药剂防治应抓住第一代若虫孵化期这一关键时期，优先选用苦参碱、印楝素等生物药剂，或新烟碱类、菊酯类化学药剂轮换使用。最好连片统一防治，傍晚施药，重点喷洒树干、地面杂草及行间作物，做到树上、树下喷施细致、周到。

十五、梨冠网蝽

梨冠网蝽（*Stephanitis nashi* Esaki et Takeya）又名梨花网蝽、梨军配虫，属半翅目网蝽科，除危害苹果外，还危害梨、桃、山楂、樱桃、杏等。

1. 危害特点

以成虫、若虫群集在叶片背面刺吸汁液，受害叶片正面产生黄白色小斑点，虫量大时许多斑点蔓延连片，导致叶片苍白（图2-82）；叶背呈现黄褐色锈斑，布满漆黑色、蝇粪状小油点（图2-83），为梨冠网蝽的分泌物和排泄物，严重时叶片变褐早落，影响树势和产量。

图2-82　叶片被害状

图2-83　梨冠网蝽成虫、若虫

2. 识别方法

成虫：黑褐色，体长3.5毫米，体形扁平，前胸发达，向后延伸盖于小盾片之上，前胸背板两侧有两片圆形环状突起，前胸背板和前翅布有网状花纹；前翅略呈长方形，平覆于身体上，静止时两翅重叠，中间接合处呈X形黑褐色斑纹。

卵：长椭圆形，淡黄色，长约0.6毫米，一端弯曲，产于叶肉组织内。

若虫：形似成虫，暗褐色，共5龄，三龄后长出翅芽，腹部两侧有刺状突起。

3. 生活习性

1年发生3 ~ 4代，以成虫在落叶、树干翘皮、树皮裂缝、土壤缝隙、杂草及果园周围的灌木丛中越冬。果树萌芽时开始出蛰，4月下旬至5月上旬为出蛰盛期，但出蛰期不整齐，6月后世代重叠。卵单产在叶背主脉两侧的叶肉内，产卵处有黑褐色胶状物覆盖，常有数十粒相邻存在。若虫孵出后，多群集在主脉两侧危害。第1 ~ 4代成虫期分别在6月初、7月上旬、8月初和8月底。高温干旱有利于其繁殖危害，8月至9月上中旬是该虫全年危害最严重时期。苹果、梨、桃、樱桃等果树混栽园或相邻栽植园发病重。

4. 防治要点

果树休眠期彻底清除果园的落叶、杂草，仔细刮除树干粗老翘皮，并集中烧毁，压低越冬成虫基数。9月树干捆绑诱虫带或束草把，诱集成虫越冬，入冬后至成虫出蛰前解下草把烧毁。有条件的可田间释放蝽象黑卵蜂等天敌。萌芽前全园喷施1次石硫合剂，一般果园可结合防治春季蚜虫一并进行。重发果园生长期药剂防治要抓住越冬成虫出蛰盛期（落花后10天左右）和第一代若虫孵化末期两个关键时期，药剂可选择氟啶虫胺氰、烯啶虫胺、噻嗪酮、阿维菌素等，按推荐用量叶面喷雾。

十六、金龟子

金龟子属鞘翅目金龟总科，其种类多、分布广泛，主要有铜绿丽金龟（*Anomala corpulenta* Motschulsky）、苹毛丽金龟［*Proagopertha lucidula*（Faldermann）］、黑绒鳃金龟（*Serica orientalis* Motschulsky）、

小青花金龟（*Oxycetonia jucunda* Faldermann）等。常单独或混合危害苹果、梨、桃、杏、樱桃、李、山楂、核桃、葡萄等多种果树。

1. 危害特点

主要以成虫群集取食果树的幼芽、花蕾、叶片、果实等，受害轻者花器及叶片残缺不全，或形成秃枝，发生盛期常成群迁入果园，严重时一夜之间将嫩芽、花朵或叶片吃光，造成果树坐果率下降，直接影响产量。黑绒鳃金龟和苹毛丽金龟咬食幼芽、嫩叶和花蕾（图2-84）；小青花金龟喜食花蕾和花；铜绿丽金龟取食叶片成缺刻或啃食果实成孔洞。幼虫取食果树幼根，使植株生长缓慢，树势衰弱。

图2-84　苹毛丽金龟危害花

2. 识别方法

金龟甲总科成虫体卵圆形，触角鳃叶状，前足为开掘足，翅鞘不完全覆盖腹部，末节背板常外露。幼虫体乳白色，肥胖，多皱褶，弯曲成C形，俗称蛴螬（图2-85）。

图2-85　金龟子幼虫（蛴螬）

（1）苹毛丽金龟。

成虫：头胸背面紫铜色，并有刻点，鞘翅为茶褐色，具光泽，由鞘翅上可以看出后翅折叠成V形，腹部两侧有明显的黄白色毛丛，尾部露出鞘翅外。

卵：椭圆形，乳白色，临近孵化时表面失去光泽，变为米黄色，顶端透明。

幼虫：体长约15毫米，头部黄褐色。

蛹：长12.5 ~ 13.8毫米。蛹为裸蛹，深红褐色。

（2）铜绿丽金龟。

成虫：头与前胸背板、小盾片和鞘翅为铜绿色，有金属光泽；各鞘翅有明显的3条纵纹，头及前胸背板两侧、鞘翅两侧均有红棕色的边。

卵：初产时椭圆形、乳白色，以后逐渐膨大至近圆形，卵壳表面平滑。

幼虫：老熟幼虫体长30 ~ 33毫米，头褐色。

蛹：椭圆形，长约18毫米，裸蛹，初化蛹时白色，后渐变为淡褐色。

（3）黑绒鳃金龟。

成虫：体长7 ~ 10毫米，黑褐色，被灰黑色短绒毛。

卵：椭圆形，约1毫米，乳白色，有光泽，孵化前色泽变暗。

幼虫：老熟幼虫体长约16毫米，头部黄褐色。

蛹：体长6 ~ 9毫米，黄色，头部黑褐色。

（4）小青花金龟。

成虫：体长11 ~ 16毫米，头部黑褐色，密布长绒毛；体表绿、黑、浅红或古铜色，散布数个形状不同的白绒斑；前胸背板由前向后外扩，前端两侧各具一白斑，满布黄色细毛及小刻点；臀板宽短外露，密布粗大横皱纹，近基部有4个横列的银白色绒斑。

卵：球状、白色，后渐变为淡黄色。

幼虫：初龄幼虫头部橙色，腹部浅黄色；老熟幼虫体长32 ~ 36毫米，头部暗褐色，上颚黑褐色。

蛹：裸蛹，长14毫米左右，初淡黄白色，后变为橙黄色。

3. 生活习性

金龟子1 ~ 2年发生1代。以成虫或老熟幼虫在土中越冬。成虫飞翔力强，有假死性和较强的趋光性。蛴螬始终在地下活动，对未腐熟的粪肥有较强趋性，与土壤温湿度关系密切，当10厘米深处土温达5℃时开始上升土表，13 ~ 18℃时活动最盛，23℃以上则往深土中移动，至秋季土温下降到其活动适宜范围时再移向土壤上层。

（1）苹毛丽金龟。春季平均气温10℃左右时，越冬成虫开始出土。成虫白天活动，先集中在早期开花的植物上危害花和嫩叶，果树发芽开花时即转移至桃、杏、苹果上危害。5月中旬为产卵盛期，卵多产于土质疏松而植被稀少的11 ~ 20厘米深的表土层中。5月下旬至6月上旬幼虫孵化后危害果树的根部。7月下旬开始化蛹，9月上中旬开始羽化，新羽化的成虫即在土中越冬。成虫喜欢群集取食，通常将一株树上的花或梢端的嫩叶全部吃光后转移危害。

（2）铜绿丽金龟。5月中下旬越冬老熟幼虫羽化为成虫，6月初成虫开始出土。6月中旬至7月上旬是危害高峰期。成虫白天隐伏于灌木丛、草皮中或表土内，尤喜栖息于疏松潮湿的土壤里，黄昏出土活动，每晚21 ~ 22时为活动高峰期，闷热无雨的夜晚活动最盛。卵散产于3 ~ 10厘米深处的土中。

（3）黑绒鳃金龟。黑绒鳃金龟具雨后出土习性，4月中下旬至5月初越冬成虫大量出土，5月上旬至6月下旬为发生危害盛期。成虫早期多集中取食发芽早的阔叶杂草或杨、柳、榆树的嫩叶，果树发芽后大量成虫转移到果树上危害，取食幼芽、嫩叶、花蕾。成虫在土中产卵，5月底至6月初为产卵盛期；幼虫共4龄，历期50 ~ 60天，老熟幼虫在20 ~ 30厘米深处做土室化蛹，8月中下旬羽化为成虫随即在土中越冬。

（4）小青花金龟。越冬成虫4月上旬出土活动，4月中旬至5月初大量出土，正值苹果、山楂、梨等果树的盛花期。成虫历期90天左右，喜食花器，随果树开花早晚转移危害。5月中下旬至6月上旬为产卵期，尤喜产卵于腐殖质多的场所。孵化早的幼虫于8

月老熟化蛹，羽化出土危害至秋末入土越冬，主要分布在以苹果树为中心的半径40厘米的浅土层内。成虫白天活动，尤以晴天无风和气温较高的上午10时至下午4时为成虫取食最盛期，同时也是交尾盛期。如遇风雨天气，则栖息于花丛或草丛中，日落后潜返土中并进行产卵。

4. 防治要点

结合秋、冬季果园深翻，破坏金龟子的越冬场所，捡拾越冬成虫或幼虫。成虫发生期早晚进行人工振落捕杀成虫。土杂肥、秸秆和畜禽粪等必须通过高温充分腐熟。物理诱杀成虫，果园安装杀虫灯，在果树花芽露红期至幼果期的傍晚开灯诱杀成虫；或将糖、醋、白酒、水按1 ∶ 3 ∶ 2 ∶ 20的比例并加入少许农药制成糖醋液，配套红、黄、橙等有色诱盆；或果园插植蘸有毒死蜱药液的杨、柳枝把。药剂防治，于果树显蕾开花前，优先选用金龟子绿僵菌CQMa421或白僵菌颗粒剂拌湿细土施入树盘土壤中或挖坑穴施，蛴螬病尸可存数年，对土壤中桃小食心虫幼虫等也有防效；也可用毒死蜱或辛硫磷均匀喷施树盘下土壤，或撒施颗粒剂然后浅锄入土，毒杀潜伏害虫。

十七、朝鲜球坚蚧

朝鲜球坚蚧（*Didesmococcus koreanus* Borchsenius）又名朝鲜毛球蚧、杏球坚蚧、桃球坚蚧等，属半翅目蚧科害虫，主要危害苹果、梨、杏、桃、李、石榴等多种果树。

1. 危害特点

以雌成虫和若虫聚集在寄主枝条上，终生刺吸枝条、叶片、果实的汁液，虫体上常覆有坚硬的介壳，排泄的蜜露可诱发煤污病，影响光合作用，削弱树势甚至造成枝条枯死。受害严重时果树发芽推迟或不能发芽，开花少，坐果难，甚至果枝枯死，造成减产（图2-86）。

2. 识别方法

成虫：雌成虫介壳近球形，直径3 ~ 4.5毫米，体背有不规则

图2-86　枝条被害状

的凹点和薄蜡粉；腹部淡红色，腹面与贴枝处有白色蜡粉。雄成虫有翅，体型略小，赤褐色，介壳长扁圆形，蜡质表面光滑。

图2-87　朝鲜球坚蚧卵

卵：圆形，半透明，初产时白色，后变为粉红色（图2-87）。

若虫：初孵若虫体扁，卵圆形，浅粉红色，腹部末端有2条细毛；固着后的若虫体背覆盖丝状蜡质物；越冬若虫体黑褐色，并有数条黄白色条纹，上被极薄的蜡质。

3. 生活习性

1年发生1代，以二龄若虫在1～2年生枝条的裂缝、伤口边缘或粗翘皮处越冬，越冬位置固定后，分泌白色蜡质覆盖身体。翌年3月上中旬树液流动后开始出蛰，越冬若虫从蜡壳下爬出，固着群居在1年生枝条上吸食被害。4月上旬虫体逐渐膨大，排泄黏液，危害盛期为4月下旬至5月中旬。5月上旬雌成虫产卵于体后介壳内，每头雌虫产卵1 000 ～ 2 000粒，并随产卵结束而干缩成空壳死亡。5月下旬至6月上旬为孵化盛期，初孵若虫分散到小枝、叶面或叶背固定危害，并分泌白色蜡质，落叶前大多数转移到枝条的皱褶、翘皮、裂缝、叶腋等处，10月中旬后开始越冬。

4. 防治要点

果树休眠期刮除粗老翘皮，初发生的果园及时剪除有虫枝条，用硬毛刷刷除介壳，带出田外集中烧毁。药剂防治应抓住越冬若虫出蛰期（果树萌芽前）和卵孵化盛期（5月下旬至6月上旬）两个关键时期，果树萌芽前全园喷施波美3 ～ 5波美度的石硫合剂，重点是1 ～ 2年生的枝条。果树生长期当发现有初孵若虫从母体介壳下向外扩散时，即选用矿物油+毒死蜱或螺虫乙酯或新烟碱类等药剂组合，按推荐用量喷雾。保护利用黑缘红瓢虫、红点唇瓢虫、蚜小蜂、黄金蚜小蜂、姬小蜂、扁角跳小蜂、草蛉等捕食性和寄生性天敌，不用或少用广谱性杀虫剂。

十八、梨圆蚧

梨圆蚧［*Quadraspidiotus perniciosus*（Comstock）］又名梨枝圆盾蚧，俗称介壳虫、树虱子，属半翅目盾蚧科。该虫在各果树产区均有发生，食性极杂，危害苹果、梨、桃、杏、枣、核桃、栗、葡萄、柑橘、山楂等多种果树及林木150多种。

1. 危害特点

以雌成虫和若虫吸食枝条、叶片和果实的汁液，受害程度轻的树则树势削弱，重者可枯死。果实被害处呈黄色圆斑，围绕虫体周围有一紫红色晕圈，虫口密度大时紫红色晕圈连成片，剥开介壳虫体为黄色或橙黄色（图2-88）。叶片受害多集中在叶脉附近，被害处呈淡褐色，逐渐枯死（图2-89）。枝条受害，以树冠上部、骨干枝阳面受害较重，受害处皮层木栓化爆裂，木质部变为淡红褐色，常常一大片介壳相连，使枝条表皮由光亮的红褐色变成灰色，有很多小突起，导致枝条衰弱、叶片稀疏。

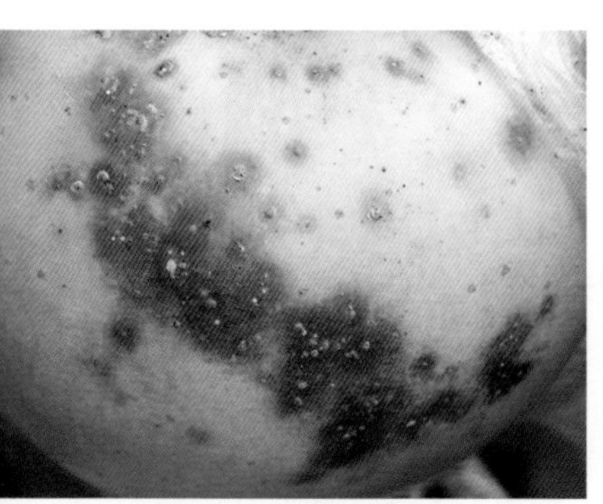

图2-88　果实被害状（介壳下的橙黄色虫体）

图2-89　叶片被害状（若虫沿叶脉分布）

2. 识别方法

成虫：雌成虫无翅，介壳扁圆锥形，灰白或灰褐色，有同心轮纹，中心有一黄色小突起；虫体扁圆形、橙黄色；刺吸式口器丝状，位于腹面中央。雄成虫有1对翅，头、胸部橘红色，腹部橙黄色，腹部末端有剑状交尾器。

若虫：初孵若虫长约0.2毫米，椭圆形，淡黄色，眼、触角、足俱全，能爬行，口针比身体长且弯曲于腹面，二龄开始分泌介壳，固定不动。

3. 生活习性

北方1年发生2 ~ 3代，多以二龄若虫和少数受精雌成虫在枝干及部分果实上越冬。早春树液萌动时越冬若虫恢复危害并发育。5月越冬雌成虫开始胎生第1代若虫，越冬若虫也发育为成虫，交尾后陆续产卵。发生世代不整齐，第1代若虫期为6月上旬至7月上旬，第2代若虫期为7月中旬至9月上旬，第3代若虫期在9月上旬至11月上旬。以第2代若虫繁殖力最强，若虫出壳后即爬行分散，一部分在枝干上固定危害，一部分爬到果实上，在果面、萼凹、梗凹或叶片上固定危害。远距离传播主要是通过苗木、接穗或果品运输，近距离传播主要借助于风、鸟或大型昆虫等的迁移携带。温湿度对初孵若虫的影响较大，高温干燥或暴风雨常造成其大量死亡。

4. 防治要点

严格检疫。苗木、枝条、接穗、果实等在调运时要认真做好检疫工作，以防传播蔓延。新建果园发现有梨园蚧时一定要进行熏蒸处理。其他防治方法参考朝鲜球坚蚧。

十九、天牛

苹果园中常见的天牛主要有桑天牛（*Apriona germari* HoPe）（又称褐天牛、桑干黑天牛、粒肩天牛等）和星天牛［*Anoplophora chinensis*（Forster）］（又名白星天牛、枯眼天牛）等，属鞘翅目叶甲总科天牛科。该虫危害苹果、梨、桃、海棠、柑橘、樱桃、枇杷、无花果等果树及桑、杨、柳、榆等多种林木。

1. 危害特点

成虫危害叶片，啃食枝条表皮或细枝嫩芽。桑天牛产卵时先将表皮咬成U形伤口，星天牛则将表皮咬成T形或“八”字形伤口，然后产卵于伤口中。幼虫蛀食韧皮部或蛀入枝干木质部危害，受害枝干内部成隧道状，每隔一定距离即向外咬一圆形排粪孔，并向外排出红褐色虫粪和蛀屑，影响树体营养吸收，严重时可导致树体枯死（图2-90）。

图2-90 枝干被害状

2. 识别方法

（1）桑天牛。

成虫：体黑褐色，密被黄褐色细绒毛；触角鞭状，共11节，

第一、二节黑色，其余各节前半部黑褐色、后半部灰白色；鞘翅基都有许多黑色光亮的瘤状突起，占全翅长的1/4 ～ 1/3。

卵：近椭圆形，稍扁而弯曲，长约6毫米，初产时乳白色，数日后渐变为黄褐色。

幼虫：老熟幼虫体长约70毫米，圆筒形，背板上密生黄褐色刚毛和赤褐色点刻，并有凹陷的“小”字形纹；第1 ～ 11节各有1对较大形的褐色椭圆形气门。

蛹：纺锤形，长约50毫米，初淡黄色后变黄褐色。

（2）星天牛。

成虫：体长19 ～ 39毫米，漆黑色，略具金属光泽；触角第1 ～ 2节黑色，其他各节基部1/3处有淡蓝色毛环，其余部分黑色；鞘翅基部有颗粒状突起；每翅翅面常有15 ～ 20个小型白色毛斑（图2-91）。

图2-91　星天牛成虫

卵：长椭圆形，长5 ～ 6毫米，初产时白色，后转为浅黄色。

幼虫：老熟幼虫体长38 ～ 60毫米，前胸背板有一“凸”字形锈斑，锈斑前方左右各有一飞鸟形斑（图2-92）。

图2-92　星天牛幼虫

蛹：纺锤形，长30 ～ 38毫米，翅芽超过腹部第3节后缘。

3. 生活习性

（1）桑天牛。桑天牛在北方2年（跨3年）发生1代。以幼虫在枝干内越冬，寄主萌动后开始危　害，落叶时休眠越冬。幼虫经过2个冬天，于6 ~ 7月老熟，在隧道内两端填塞木屑筑蛹室化蛹。7 ~ 8月为成虫发生期。成虫多于早、晚活动取食，产卵于2 ~ 4年生枝条的中部或基部，每处1粒。初孵幼虫先在韧皮部和木质部之间向枝条上方蛀食约1厘米，然后蛀入木质部内向下蛀食，稍大即蛀入髓部。每蛀5 ~ 6厘米长即向外咬一圆形排粪孔，随虫体增长而排粪孔间距离加大。低龄幼虫的粪便为红褐色细绳状，大龄幼虫的粪便为锯屑状。幼虫取食期间，虫体位于最下排粪孔的下方。幼虫一生蛀道长达约2米，隧道内无粪便与木屑。

（2）星天牛。星天牛在北方2年发生1代，以幼虫在树干木质部或根部越冬。翌年3月，幼虫恢复活动，构筑长3.5 ~ 4厘米、宽1.8 ~ 2.3厘米的蛹室和直通表皮的圆形羽化孔，4月上旬开始化蛹，5月底至6月上中旬为羽化出孔高峰期。成虫从羽化孔飞出后，先咬食嫩枝皮层和树叶补充营养，后将卵多产于离地面30 ~ 60厘米的树干或主干处，每处1粒，产卵后分泌胶状物质封口。卵约2周后孵化，初孵幼虫先在皮层下盘旋蛀食，约2个月后才蛀入木质部危害，上下左右串成隧道。先向下蛀食至根部后转向上蛀食，并开有通气孔，从中排出粪便和木屑。虫道内充满木屑，有别于桑天牛。

4. 防治要点

剪除虫枝，集中处理。成虫发生期，每天傍晚巡视果园或树林，振动树干使其落地后捕杀。检查树干，发现产卵槽即用小刀刮杀卵和初龄幼虫。发现新鲜排粪孔即用细铁丝插入，向下刺到隧道端，反复几次可刺死幼虫。物理诱杀，星天牛产卵前，主干基部紧密缠绕2 ~ 3圈宽20 ~ 30厘米的编织袋条，诱导天牛产卵在编织袋上而使卵失水死亡。树干基部涂刷涂白剂，防止成虫产卵。保护和利用天敌，冬季修剪时，发现产有桑天牛卵的枝条不要剪去，其中大部分被桑天牛啮小蜂所寄生，等到7月上旬寄生蜂羽化后再集中处理。成虫活动盛期，用敌敌畏或毒死蜱等掺和适量水和黄泥，搅成稀糊状，涂刷在树干基部或距地面30 ~ 60厘米的树干上，毒杀在树干上爬行及咬破树皮产卵的成虫和初孵幼虫。发现产卵槽，可用敌敌畏或毒死蜱5 ~ 10倍液涂刷；树干基部地面上发现有成堆虫粪时，找到黄白色木屑对应的最新的排粪孔，将蛀道内虫粪掏出，用注射器或手动喷雾器去掉喷头后保持较大压力向虫道内注入药液，用泥封住洞口熏杀幼虫。

二十、尺蠖

尺蠖是一类既危害苹果、梨、枣等果树，又危害刺槐等林木的杂食性害虫。果园常见种类有刺槐尺蠖（*Napocheima robiniae* Chu）、桑褶翅尺蠖（*Zamacra excavate* Dyar）和枣尺蠖（*Chihuo zao* Yang）3种。

1. 危害特点

尺蠖主要危害果树的叶片和幼果。幼虫蚕食叶片，使被害叶片残缺不全，或啃食幼果致被害处坑洼不平，发生严重时果树叶片被吃光，幼果畸形。

2. 识别方法

（1）刺槐尺蠖。老熟幼虫长约5厘米，头深黄色，颅侧区有4列倒八字形黑斑，体淡黄色，因缺少部分腹足，行动时腹部拱起呈桥状。蛹纺锤形，棕褐色，外被椭圆形土茧。

（2）桑褶翅尺蠖。幼虫黄绿色，腹部第2、3、4节背面各有1个大而长的角状肉突，在树枝上静止时身体弯曲成“？”形。蛹粗短，红褐色。茧半椭圆形，丝质且附有泥土（图2-93）。

（3）枣尺蠖。初龄幼虫黑色，有5条白色横环纹；老熟幼虫灰淡青色或灰黑色，体长35 ~ 45毫米，有多条白色或灰白色与黄、黑、绿相间且断续的纵条纹。蛹纺锤形，紫褐色（图2-94）。

3. 生活习性

3种尺蠖均1年发生1代，刺槐尺蠖和枣尺蠖以蛹在树冠下的土壤中越冬，靠近树干基部密度较大；桑褶翅尺蠖以被有椭圆形土茧的蛹附着于根颈部位的树皮上越冬。刺槐尺蠖2月下旬越冬

图2-93　桑褶翅尺蠖

图2-94　枣尺蠖

蛹开始羽化，3月中旬至4月上旬为羽化盛期；雌成虫无翅，羽化当晚沿树干爬至1年生枝梢端部的阴面产卵；4月中下旬为幼虫发生危害盛期，一至三龄幼虫食量较小，四龄以后食量大增，幼龄幼虫有吐丝下垂随风飘荡扩散的习性；雄蛾有趋光性。桑褶翅尺蠖各虫态发生时期基本同刺槐尺蠖。枣尺蠖第二年3月下旬至4月中旬为成虫羽化盛期，雌成虫羽化后在表土下或隐蔽处潜伏，傍晚上树交尾、产卵，卵多产在粗皮或枝杈缝隙中；5月上中旬为幼虫发生危害盛期，五龄幼虫食量最大；初龄幼虫受惊吐丝下垂，四至五龄则直接坠地；老熟幼虫多于凌晨从树上直接落地入土化蛹。

4. 防治要点

秋冬耕翻果园，早春3月初越冬蛹羽化前翻挖树盘，消灭越冬蛹。注意保护利用步甲、赤眼蜂等天敌，可选用白僵菌、绿僵菌或苏云金杆菌乳剂等生物农药，按推荐用量喷雾。物理阻杀，早春越冬蛹羽化初期在树干基部缠一圈宽约10厘米的塑料薄膜带，用细绳扎紧使下缘无缝隙，使雌成虫被迫把卵产在阻隔带下方，在卵孵化前将薄膜带下及树干上的卵块杀死；或在卵孵化前，在阻隔带下缘及树皮上涂抹一圈宽约5厘米的菊酯类农药10倍液，杀死初孵幼虫；也可利用杀虫灯诱杀成虫。药剂防治应抓住幼虫发生初期上树危害前，选用菊酯类农药喷雾；果园周围的刺槐林也要进行施药防治。

苹果主要病虫害绿色防控技术

第一节　绿色防控技术概述
第二节　健康栽培技术
第三节　生态调控技术
第四节　理化诱控技术
第五节　植物免疫诱抗技术
第六节　生物防治技术
第七节　化学防治减药控害技术
第八节　高效施药技术

苹果病虫害种类繁多，危害严重，损失巨大，且随着栽培制度、生态环境、气候变化等因素的影响，病虫害主要种类、发生规律、危害程度、区域范围等也在发生演变。新的病虫害不断出现，一些次要病虫害危害上升，优势种群变化，一些检疫性有害生物呈扩散蔓延趋势，防治难度加大，果农植保知识掌握不够，绿色安全意识薄弱，科学用药水平不高，传统施药器械与栽培模式不配套，导致病虫抗药性风险加大，环境污染加重，病虫害始终是制约苹果产业健康发展的主要障碍之一，病虫害防控成为果品安全生产的重点任务。

随着国家对农业绿色发展的政策要求、社会和消费者对果品质量安全前所未有的高度关注，绿色果品生产面临重大挑战。国务院办公厅下发了《关于创新体制机制推进农业绿色发展的意见》，中央七部委联合印发了《国家质量兴农战略规划（2018—2022)》，农业农村部出台了《关于推进农作物病虫害绿色防控的意见》，提出了“绿色植保、科学植保”理念，开展了《到2020年农药零增长行动》，实施了一批国家重点研发计划，如《苹果化肥农药减施增效技术集成研究与示范》（2016YFD0201100）等。相关农业科研院校、农业农村部及技术推广部门等进行了有效的绿色防控技术试验研发、集成熟化，创新建立苹果全程绿色防控技术体系，形成了系列科技成果，获得了多项省、部级奖励，并在实践中示范应用，取得了显著的经济、社会和生态效益。

第一节　绿色防控技术概述

2006年，在全国植保工作会议上，农业部提出我国植保工作应树立“公共植保、绿色植保”理念，这是继1975年我国提出植保“预防为主、综合防治”方针之后，对植保工作的又一次重大创新。

“公共植保”就是把植保工作作为农业和农村公共事业的重要组成部分，突出其社会管理和公共服务职能。植物检疫和农药管理等植保工作本身就是执法工作，属于公共管理；许多农作物病虫具有迁飞性、流行性和暴发性，其监测和防控需要政府组织跨区域的统一监测和防治；如果病虫害和检疫性有害生物监测防控不到位，将危及国家粮食安全；农作物病虫害防治应纳入公共卫生范围，作为农业和农村公共服务事业来支持和发展。

“绿色植保”就是把植保工作作为人与自然和谐系统的重要组成部分，突出其对高产、优质、高效、生态、安全农业的保障和支撑作用。植保工作就是植物卫生事业，要采取生态治理、农业防治、生物控制、物理诱杀等综合防治措施，要确保农业可持续发展；选用低毒高效农药，应用先进施药机械和科学施药技术，减轻残留、污染，避免人畜中毒和作物药害，要生产“绿色产品”；植保还要防范外来有害生物入侵和传播，确保环境安全和生态安全。

为落实“绿色植保”理念，强化农产品质量安全，转变植保防灾方式，在多年实践的基础上，农业农村部提出了病虫害“绿色防控”的概念。“绿色防控”是指以确保农业生产、农产品质量和农业生态环境安全为目标，以减少化学农药使用为目的，优先采取健身栽培、生态调控、免疫诱抗、理化诱控、生物防治等环境友好型技术措施控制农作物病虫危害的行为。“绿色防控”的提出，是对植保方针关于综合防治的生态系统观、经济效用观和社会效应观的继承和发展，强调安全、可持续治理和以人为本的观点，是发展现代农业、持续控制病虫灾害、建设“资源节约、环境友好”型农业、保障农业生产安全的重要手段，是促进标准化生产、提升农产品质量安全水平的必然要求，是降低农药使用风险、保护生态环境的有效途径。农业农村部每年通过政策和资金扶持、安排试验示范、技术宣传培训等多种措施，在全国多种作物上开展了绿色防控工作，取得了很好的成效。

绿色防控要转变传统的单就病虫论病虫、长期依赖化学药剂防治、打保险药、追求100%防效等错误观念，树立生态系统概念。病虫害的发生与寄主苹果树本身的树势、品种、抗病性等，果园环境包括土壤、天敌、杂草等，气候条件包括温度、降雨、干旱、冻害等，栽培管理包括修剪、施肥、灌水等因素密切相关。应该优先应用主推抗病虫害品种、作物合理布局、健康栽培等农业技术，农田生态工程、保护生物多样性、果园生草、自然天敌保护利用等生态调控技术；重点应用以虫治虫、以螨治螨、以菌治虫、以菌治菌等生物防治技术，昆虫信息素诱杀、杀虫灯诱杀、诱虫板诱杀、食饵诱杀、防虫网阻隔等理化诱控技术，以及免疫诱抗、生长调节、农用抗生素等生物化学防治技术；在病虫突发、爆发时，科学应用高效、绿色、环境友好的化学农药及其配套的高效施药器械。以上措施可以有效控制病虫危害，确保必要产量或效益，尽量降低作物的经济损失风险；尽量降低使用有毒农药的安全风险，包括果品农药残留，对操作者、消费者、土壤、水源等的污染；尽量降低破坏生态的风险，包括保护天敌，维护生物多样性调控能力和生态平衡，提高生态系统的自我调控能力等，确保有害生物的安全防控和农业可持续发展。当前，苹果病虫害防治中采用的主要绿色防控技术有健康栽培、生态调控、理化诱控、生物防治、绿色农药防治、高效器械应用等，任何一项绿色防控技术都有其优势和局限性，生产中要根据果品生产目标及病虫防控需要，扬长避短，科学选用，集成配套，减量增效。

第二节　健康栽培技术

果树健康栽培技术措施的范围十分广泛，包括了从土壤、种子到农田生态等各个方面，从培育健康的农作物和建立良好的农作物生态环境入手，包括了根据果树品种及其生长规律，从果树生长的土壤、施肥、灌水、修剪、负载等方面“投其所好”，通过培肥土壤、培育壮苗、整形修剪、清洁田园等栽培管理措施，从而压低病虫基数，增强果树树势，增强果树对病虫害的抵抗能力，改善果园通风透光条件，创造利于天敌生存繁衍、不利于病虫害发生的生态小环境。抗病品种方面，建园时就要根据立地环境、气候条件等综合考虑，选用抗病性好的无毒苗木。整形修剪方面，不同种植模式、不同树形的修剪不同，要根据果树的生长发育特点、树势强弱等进行枝条短截、疏除、回缩、长放、拉枝、刻芽、摘心、扭梢、拿枝等，培育结果枝组，并配合疏花疏果、合理负载等。针对我国苹果主产区自然降雨春旱秋涝与苹果生长不匹配的实际状况，果园灌水要根据苹果树需水特点及自然降水情况，把握“前灌后控”的灌水原则，浇好“五水”，即萌芽前、开花后20天（水分临界期）、果实膨大期（需水关键期）、果实膨大后期至采收前（不宜过多灌水）和封冻水，做到春季萌芽展叶期适量浇，春梢迅速生长期足量浇，果实迅速膨大期看墒用水，秋后冬前保证越冬封冻水。本节主要针对大多数果园土壤含氮量偏高、有机肥施用不足、长期过量偏施化学肥料引致的土壤板结、酸化、肥力下降，生理病害加重等问题，介绍培育健康土壤和清洁果园环境技术。

一、培育健康土壤

健康的果园土壤主要包括良好的土壤结构和充足的土壤肥力。合理的土壤耕作和科学的水肥管理是最主要的土壤管理措施，通过合理耕作、生草覆草等可以改良土壤结构，提高土壤有机质含量，培育健康的土壤生态环境；通过科学施肥、增施有机肥、水肥一体化等技术，为作物创造良好的生长环境，从而增强农作物抵御病虫害的能力和抑制有害生物的发生。果树一旦栽植，几十年不能移动，连续、过度地施用化学肥料等不利用于土壤微生物的生态平衡，可通过针对性地施用生物菌肥等，调节果树根系周围土壤微生物的生态平衡。

1.科学施肥

根据果树生产需要，结合土壤养分检测或叶分析结果进行配方施肥、平衡施肥，增施发酵肥料或充分腐熟的农家肥，适当施用生物菌肥。根据国家重点研发计划“苹果化肥农药减施增效技术集成研究与示范”项目的有关研究结果，科学施肥关键技术如下：

（1）重视秋施基肥。俗语说：“秋施金，冬施银，春天施肥是烂铁。”果实采收后到落叶前这段时间是秋施基肥（图3-1）、积累养分的最好时期，越早越好，最好是采果后立即进行。从树体本身来看，果树从早春萌芽到开花坐果这段时间所消耗的养分，主要是上一年树体内贮存的营养，研究表明，果树春季幼叶中50%、短枝中90%、果实中60%的氮来源于树体贮藏；秋季是根系一年中最后一次生长高峰期，其生命活动旺盛、吸收养分能力强，且有利于延缓叶片衰老，增强秋叶光合能力，增加树体养分储备。土壤方面，秋季土温较高、墒情较好，有利于土壤微生物活动，施入的有机肥腐熟快，易被根系吸收利用，有利于协调营养生长和生殖生长，即肥料中的速效养分被吸收后，能大大增强秋叶功能，养分积累增多，使花芽充实饱满，来年春季萌芽早，开花整齐，春梢长势强，生长量大，利于维持优质丰产的健壮树势；迟效养分在土壤中经过长时间的腐熟分解，春季易被吸收利用，加强了春梢后期发育，提高了中短枝的质量，且能及时停长，为花芽分化创造了条件。

图3-1　秋施基肥

（2）确定合理的施肥量。施肥总的原则是“有机无机配合，减氮稳磷补钾，大配方小调整，氮肥前移，适量补充中微量元素”。“大配方”是指每生产100千克苹果，平均按氮（N）：磷（P_2O_5）：钾（K_2O）＝1 ： 0.59 ： 1.04施肥，不同果区根据目标产量、树龄、树势和土壤肥力等适当调整。环渤海湾产区氮（N）：磷（P_2O_5）：钾（K_2O）＝1 ： 0.59 ： 1.04，产量水平3 000千克，即亩施氮（N）26千克、磷（P_2O_5）14.3千克，钾（K_2O）26.6千克；黄土高原产区氮（N）：磷（P_2O_5）：钾（K_2O）＝1 ： 0.62 ： 1.05，产量水平2 000千克，即亩施氮肥（N）15.3千克、磷肥（P_2O_5）9.5千克，钾肥（K_2O）16千克。

秋施基肥组合施用量：盛果期树可施商品有机肥7.5 ～ 10千克/株，或腐熟牛羊粪50 ～ 100千克/株，或腐熟的豆粕，土壤改良剂（硅钙镁钾）1千克/株，生物菌肥2 ～ 5千克/株，大化肥3 ～ 7.5千克/株。

（3）恰当选择施肥时期和种类。秋施基肥（9月中旬至10月中旬）为有机肥+土壤改良剂+中微量元素+部分速效化肥（氮磷钾平衡型），施肥量占全年的60% ～ 70%；第一次膨果肥（4 ～ 5月）施用硝酸铵钙或硝基复合肥，不宜用尿素；第二次膨果肥（6月至9月中旬），最适宜采用肥水一体化，少量、多次施肥。缺乏微量元素的果园，在关键生育期喷施叶面肥补充微量元素。有机肥可选用有机认证的商品有机肥及生物有机肥，也可选用腐熟的豆粕、牛羊粪、人粪尿、锯末、作物秸秆及杂草，沼肥、绿肥等。

（4）选择正确的施肥方式。施基肥时，依树龄大小和肥量多少可采用坑施、穴施或沟施，沟施有条沟法、环沟法、放射沟法3种方法。在树冠投影面积外围开挖环状沟、条状沟、放射沟，沟深30 ～ 50厘米、宽约40厘米。沟内最底层施有机肥和土壤改良剂，再施生物有机肥，覆土，再使大化肥与土壤混合均匀，最后再覆土。苹果基肥推荐用量见表3-1。

表3-1　苹果基肥推荐用量

果园有机质含量/%	产量水平/（千克/亩）			
	2 000	3 000	4 000	5 000
≥1.5	1 000	2 000	3 000	4 000
1.0 ~ 1.49	2 000	3 000	4 000	5 000
0.5 ~ 0.99	3 000	4 000	5 000	/
≤0.49	4 000	5 000	/	/

图3-2　滴灌

生长期追肥采用水肥一体化，借助滴灌（图3-2）、微灌系统，在灌溉的同时进行施肥，肥水同步，变浇地为浇根，变浇水为浇营养液，变“暴饮暴食”为均衡供应，植株个体间水分、养分等量，长势均衡一致，节水减肥，增产提质，省工省力。矮砧密植园采用滴灌，乔化和沙地果园采用微喷灌，尽量选用小流量的滴头和微喷头，滴头和微喷头靠近树干，滴灌灌水器流量为1 ~ 8升/小时，微喷头的流量通常为20 ~ 250升/小时，追好萌芽前、花芽分化期、果实膨大期、果实生长后期4次肥，落花后至套袋前补施钙肥2 ~ 3次，酌情补充铁、锌、硼等微量元素。具体喷施方法参考表3-2。

表3-2　生长季节叶面肥喷施用法表

时　期	种类、浓度	作　用	备　注
萌芽前	1%～2%锌肥	矫正小叶病	主要用于易缺锌的果园
萌芽后	0.3%～0.5%锌肥	矫正小叶病	出现小叶病时应用
花期	0.3%～0.4%硼肥	提高坐果率	可连喷2次
新梢旺长期	0.1%～0.2%铁肥	矫正缺铁黄叶病	可连喷2～3次
5～6月	0.3%～0.4%硼肥	防治缩果病	
	0.3%～0.5%钙肥	防治苦痘病，改善品质	果实套袋前连喷3～4次
落叶前	0.3%～1%锌肥	矫正小叶病	主要用于易缺锌的果园
	0.3%～1%硼肥	矫正缺硼症	主要用于易缺硼的果园

2. 提高土壤有机质含量

据调查，目前我国苹果主产区土壤有机质含量不足1%，严重影响对水、肥的调节能力。果园生草和覆草是提高土壤有机质含量的有效途径。果园行间生草（人工种草或自然生草）参考“生态调控技术”一节。

果园覆草（图3-3）是将农作物秸秆、刈割下的生草、自然杂草等作为覆盖材料，覆盖在果树行间和树间，腐烂后翻压入土壤中。覆盖的秸秆、刈割的牧草、杂草等腐烂后深翻，主要分布在

图3-3　果园覆草

0 ～ 20厘米土层中，在土壤中降解、转化，形成腐殖质，可使土壤中有机质含量提高，保持水土，保蓄水分，防止杂草生长，改善果园小气候，减轻根腐病、褐斑病等病虫害的发生。

果园覆草主要盖到果树树冠外缘和树的行间，树冠投影下一般不盖草，覆盖厚度为15 ～ 20厘米。盖草后压少量土，防止风刮和火灾。每年或隔年加盖1次，连续覆盖3 ～ 4年浅翻1次，把腐草翻压入土沟内。研究表明，连续3年树盘覆草后，0 ～ 20厘米深处土壤有机质含量比清耕园提高0.38个百分点。苹果园覆盖麦草5年后，0 ～ 20厘米深处土壤有机质含量由0.85%提高到1.18%，20 ～ 40厘米深处土壤有机质含量由0.43%提高到0.52%。

二、清洁果园环境

果实采收后，当年发生的各种病原菌和害虫在果树上、土壤中、落叶中、园内杂物等找到自己适宜的场所，逐渐进入越冬状态，所以，果树冬季清园十分重要，是果园全年管理中最重要、最基础的一环，此时的病原菌和害虫较为集中、抗性较弱，便于打“歼灭战”。切实落实“剪、刮、清、涂、翻”5项农业技术措施，不仅可以有效压低病虫越冬基数，减轻来年病虫防治压力，而且还省工省药、绿色安全。

（1）剪除病虫枝。结合冬季修剪，剪除带虫孔、有虫卵、长势弱、发病重的枝条，特别是介壳虫、蚱蝉的产卵枝、腐烂病枝等，进行集中销毁处理。对修剪造成的伤口以及上年没有愈合的剪锯口、虫伤口等，及时涂抹保护剂（石硫合剂、波尔多液等）或愈合剂保护，也可利用废旧报纸浸润杀菌剂液后进行粘贴保护。

（2）刮除粗老病皮。先对新发腐烂病病斑进行轻刮治，即刮除腐烂的表皮组织，病处涂刷甲基硫菌灵糊剂或甲硫萘乙酸糊剂等。药剂干后再选戊唑醇等杀菌剂，按叶面喷雾倍数浓缩10倍，涂刷主干和大枝基部，也可结合药剂清园喷淋主干和大枝基部。然后刮除果树主干分叉以下的粗老翘皮和枝干轮纹病、干腐病等的病瘤、病皮，刮时树下铺设塑料膜，刮下的粗老翘皮、病皮带出果园，集中清理、深埋或烧毁。注意弱树轻刮、旺树重刮，刮皮要彻底，凡是骨干枝上的粗皮都要刮；深度要适宜，不可伤及韧皮部及木质部。

（3）清洁田园。将树上的枯枝、病虫僵果、残存的套袋等杂物，果园周围及园内地面上的落叶杂草、粗老翘皮、病虫枝、落果废果等一切可能为病原菌和害虫提供越冬场所的物品彻底清理出果园，并集中堆沤、深埋或烧毁。修剪下的大枝一定要运出园外集中堆放并苫盖，避免无症状枝条成为腐烂病的菌源地。

（4）枝干涂白。涂白剂配方为生石灰10份、20波美度的石硫合剂2份、食盐2份、清水20份，充分搅拌均匀，涂刷果树主干和大枝基部，预防冻害，并杀灭一部分在枝干上越冬的病虫（图3-4）。

图3-4　枝干涂白

（5）深翻土壤。果树上的金龟子、桃小食心虫、苹掌舟蛾等均以成虫、幼虫（若虫）或蛹的形态躲在土壤中越冬，清扫果园后至土壤封冻前，结合施肥，将果树周围树冠下深翻20 ～ 30厘米，既可以改善土壤结构、防止土壤板结、利于根系生长，又能破坏害虫的越冬巢穴，使其裸露在土表被冻死或被鸟啄食。

第三节　生态调控技术

农作物栽培过程中，土壤、病虫害种类、天敌种类和数量、周围的植被环境、气象情况等各种生物和非生物之间构成了一个区域生态系统，在这个系统中的生物与生物、生物与非生物各因素之间互相联系、互相影响。生态环境里，生物群落结构越复杂，其稳定性也越强。

一、生态调控的基本概念

果园生态系统是人工建立的生态系统，人的作用非常关键，果树是这一生态系统的主要成员，系统中动植物种类较少，群落的结构单一。系统组成中，生物因素包括杂草、病原菌、害虫、土壤微生物、鸟、鼠及少量其他小动物等，非生物因素（环境）包括光照、降水（湿度）、土壤肥力、温度等。人们必须不断地通过施肥、灌溉、修剪、防治病虫害等各种农事操作活动，使系统中的产出（果品）朝着对人有益的方向发展。一旦人的作用消失，农田生态系统就会很快退化，占优势地位的果树就会逐渐衰弱甚至死亡，被杂草和其他植物所取代。因此，果园周围植被丰富、生态环境复杂的，病虫害大发生的几率较小；大面积单一栽培、园内清耕的果园，某些病虫流行和扩散的几率反而较大。

果园生态控制技术就是在了解清楚当地果园气候因素、土壤条件与果树生长发育的关系以及对病虫害发生的影响的前提下，充分保护和利用系统中生物多样性的自然调控作用，以果树为主体，通过调整作物多样性、群落多样性、病虫种群结构，如大范围内合理布局作物生长环境（包括间作、套种、立体栽培等措施）以及利用诱虫植物（或作物）、蜜源和显花植物（图3-5）、绿肥作物等在田间、水渠沟边、果园行间建立篱墙或覆盖作物等，提高有益生物的种群数量，阻断病虫害传播途径，改善果树受光条件和温湿度小气候，创造有利于有益生物种群稳定增长、抑制有害生物暴发成灾的环境，减轻果树病虫害压力和提高产量的技术措施。

研究表明，黄土高原产区苹果园野生植物种类丰富，共有33科69属84种，其中21科49属63种存在于果园树下，21种存在

图3-5　果园旁路种植显花植物吸引授粉昆虫和天敌

于果园内的生境岛屿。菊科植物种类最多，有20种，约占调查种类的23.81%，其次为禾本科、藜科、豆科植物。沟壑坡地果园植物种类最多，有35种，其次为沟谷地形果园，有26种。抱茎小苦荬、狗尾草、丝毛飞廉、灰绿藜、小蓟菜、田旋花为陕北苹果园植物优势种。周边不同类型的生境对果园昆虫群落的影响作用不同，周边杂草生境的昆虫种类最多，多样性指数高；油菜田可以提高相邻果园天敌昆虫的多样性，在苹果生长的幼果期有助于控制害虫。果园行间点播黑豆诱集鳃金龟成虫，减少其对苹果嫩芽、嫩叶的危害；金盏菊能有效诱集东亚小花蝽。因此，可以通过在果园内保持自然生草，或人工生种植三叶草、紫苜蓿，四周种植油菜、黑豆等作物或金盏菊等其他显花植物，或保留蜜源植物、诱集植物等，增加果园生态区域内的植物多样性，从而增加昆虫多样性。如早春开花的夏至草、泥胡菜、三叶草、紫花苜蓿等蜜源植物，在早春天敌缺乏食物时，为天敌昆虫补充了营养，促进了其繁育，也就增强了有益昆虫的自然控害作用。本节重点介绍目前应用相对成熟的行间生草技术。

二、果园生草技术

通过果园行间人工种草或合理利用果园自然杂草，改善果园生态小环境，降低园内区域温度，提高果园土壤有机质含量，增强果树根系活力和对肥水的吸收能力，为果园有益昆虫的栖息和繁殖提供庇护场所，涵养天敌（图3-6），增强对害虫的自然控制作用。有研究表明，生草栽培能逐渐增强土壤有机质积累和蓄水能力，提高土壤透气性，无论是人工生草还是自然生草，均可增加土壤中有机质的含量，且增幅为2.4%～57.5%；在0～30厘米深处土层的有机质含量为0.5%～0.7%的果园，连续3年种植白车轴草，土壤有机质含量可以提高到1.6%～2.0%。生草果园较清耕园的盛夏温度降低3～5℃，冬季增温2～3℃，湿度提高5%～10%，对喜欢高温干旱的红蜘蛛、锈壁虱有抑制作用，天敌总体数量明显增加，相对种群数量较多的瓢虫、蜘蛛、蓟马、微

图3-6 果园天敌
A.瓢虫 B.草蛉 C.食蚜蝇 D.蜘蛛

小花蝽占天敌总量的75.70%～87.22%。保留天然杂草的果园昆虫多样性丰富，天敌种类达到58种，昆虫种类益害比为1：23，而清耕园益害比为1：46；在果园保留刺儿菜和田旋花有助于提高果园天敌昆虫群落的多样性，诱集天敌昆虫最多的杂草为刺儿菜，反枝苋覆盖的生境诱集昆虫种类最多，有75种，其次为三叶鬼针草。

1. 人工生草

人工生草是在果树行间人工种植豆科或禾本科等适宜草种，形成草本植被的措施（图3-7、图3-8）。适宜草种主要有豆科的三叶草、百脉根、直立黄耆、毛苕子、紫苜蓿、紫云英、豌豆等，

图3-7　果树行间人工种植油菜

图3-8　果树行间人工种植三叶草或鼠茅草

禾本科的黑麦草、鼠茅草、早熟禾、高羊茅、梯牧草(猫尾草)等，十字花科的芥菜型油菜等，可根据果园立地条件、土壤等选择。提倡有选择地混合种植，可以豆科植物与禾本科植物混种，如紫苜蓿、白花三叶草和黑麦草混合播种；或2 ～ 3种禾本科植物混种，如黑麦草与高羊茅、早熟禾混种。人工种草果园的天敌昆虫（瓢虫、草蛉、捕食性蜘蛛等）的功能团的多样性指数均大于清耕园，其中种草果园瓢虫的多样性指数最高（2.1697），其次为捕食性蜘蛛。

（1）播种时间。多于春季播种，播种时间为4月上中旬；越冬性强的草种可于8月上中旬至9月中旬秋播。旱塬、山地果园可在降雨后趁墒播种。

（2）播种方法。播前平整果树行间土地，适当撒施有机肥。撒播或条播，播种深度为1 ～ 2厘米，大粒种子可稍深些。条播行距为15 ～ 20厘米，小粒草种用种量为1 ～ 1.5千克/亩，可用细沙土拌匀，大粒草种用种量为3 ～ 5千克/亩。匍匐性强的三叶草可撒播，撒播时草种量可适当增加。

(3) 注意事项。①及时人工铲除高大型和攀援藤蔓类的恶性杂草。②生长季节，草高超过30 厘米后应及时刈割，留茬5 ~ 8厘米，割下的草覆在树盘下，9月可随秋施基肥深埋入土壤。

2. 自然生草

自然生草是利用果园中的乡土草种（自然生长的杂草），清除其中的恶性杂草，采用多次刈割，使行间保持当地野生草本植被覆盖的方法。不同果园由于生态地貌的不同，其杂草的优势种群种类和数量也有明显的差异。研究表明，选择利用优势种杂草进行生境调节有助于果园害虫的控制。保留小蓟草、田旋花、反枝苋等杂草的果园，捕食性天敌及寄生性天敌的丰度高于清耕园。

(1) 苹果园中的主要杂草。据调查，苹果园中的主要杂草种类有禾本科的马唐、稗草、牛筋草、千金子、狗尾草、虎尾草、野燕麦、看麦娘、白茅、画眉草、香附子、牛毛毡，菊科的大蓟、小蓟、苍耳、蒲公英、艾草、牛膝菊，十字花科的荠菜、播娘蒿、野油菜，唇形科的夏至草、宝盖草，桑科的葎草，萝藦科鹅绒藤，马兜铃科的马兜铃，马齿苋科的马齿苋，苋科的苋、反枝苋，大戟科的铁苋菜，莎草科的三棱草，旋花科的小旋花、田旋花、菟丝子，藜科的藜、灰绿藜，车前科的车前，锦葵科的圆叶锦葵、苘麻，蔷薇科的委陵菜，石竹科的繁缕、米瓦罐，玄参科的婆婆纳，酢浆草科的酢浆草，豆科的大巢菜，紫草科的附地菜，蓼科的扁蓄、齿果酸模、荞麦蔓，茄科的龙葵、曼陀罗，茜草科的茜草、猪殃殃，鸭跖草科的鸭跖草等20多科60多种，这些杂草在果树行间均能形成自然草被。幼龄苹果园中的杂草以白茅、三棱草、小蓟、小旋花、葎草等多年生杂草为主，同时也有芽菜、夏至草、马唐、牛筋草、狗尾草、马齿苋、反枝苋等1年生杂草；成龄苹果园以1 ~ 2年生禾本科杂草和阔叶杂草为主，也有少量的多年生杂草（图3-9）。

图3-9　果园中的常见杂草
A.牛筋草　B.马唐　C.马兜铃　D.鹅绒藤

（2）人工清除恶性杂草。深根性、植株高大、主干木质化程度高的杂草，如艾草、苘麻、龙葵、曼陀罗、灰绿藜、大蓟、苍耳等；一些攀缘生长的杂草绕缠在果树上，如鹅绒藤、葎草、马兜铃、牵牛花等。这些杂草减少了果树受光面积，还与果树争夺空气中的二氧化碳，从而影响果树的有机营养物质积累，对花芽形成及果实品质的提高不利，属于恶性杂草，需要人工清除。

（3）及时刈割。保留果园中自然生长、匍匐低矮的浅根性杂草，以及不同时期开花、能给昆虫提供营养或吸引昆虫的杂草，如禾本科的狗尾草、牛筋草、地锦，婆婆纳、繁缕等，当行间自然杂草高度超过30厘米后，应适时、多次刈割（图3-10）。采用人工或机械不定期按一定高度留茬割倒，一般留茬10 厘米左右，保留近地面可以分枝的节，割下的草覆在树盘下，9月可随秋施基肥深埋入土壤。

图3-10　果树行间自然生禾本科杂草刈割覆盖和翻压增加土壤有机质

第四节　理化诱控技术

理化诱控就是利用昆虫的趋光、趋化特性进行成虫诱杀，或者利用物理方法保护果实或诱杀害虫。果树害虫防治中常用的有性信息素诱杀、灯光诱杀、色板诱杀、食饵诱杀、套袋、诱虫带诱杀等，目前最为成熟、效果显著的就是性信息素诱杀。果实套袋也是防控害虫的一项有效的物理技术，对食心虫和炭疽病、轮纹病等果实病虫害防治效果显著。

一、性信息素诱杀技术

昆虫信息素是昆虫种群或个体间用于通讯的化学物质，它由昆虫产生，属易挥发性物质。按用途的不同昆虫信息素可分为多种，有性信息素、追踪信息素、产卵信息素、示警信息素等。目前生产上应用较多的是昆虫性信息素。

性信息素是指由昆虫成虫分泌并向体外释放的，引诱同种异性成虫求偶交配的一种化学信息素。性诱剂是用人工合成的昆虫性信息素或类似物制成的引诱剂。利用性诱剂配合相应的诱捕器进行害虫种群动态监测和大量诱杀，是害虫绿色防控的重要组成部分之一。生产中应用最多的是利用人工合成的昆虫雌成虫性信息素，引诱雄成虫前来交配，并根据昆虫生物学习性配套适宜的诱捕器进行物理诱杀雄成虫，从而破坏或干扰害虫交配行为，切断害虫正常生活史，达到抑制害虫后代种群数量增长的控害目的。因其敏感性高、引诱力强，专一性好、对有益昆虫安全，能减少化学杀虫剂的使用量而成为近年来采用较多的一种绿色治虫技术。目前，国外已商品化生产的昆虫性信息素有百余种，国内已人工合成的也有数十种，其中果树上应用较多的有金纹细蛾、苹小卷叶蛾、苹大卷叶蛾、桃小食心虫、梨小食心虫、李小食心虫、桃蛀螟、旋纹潜叶蛾、桃潜叶蛾、苹果蠹蛾、绿盲蝽、桔小实蝇、小蠹、天牛等十几种昆虫的性信息素。

1. 诱捕法

在田间或果园按照“外围密、中间少”原则或根据地形设置一定数量的性诱芯（图3-11）及其配套诱捕器大量诱杀成虫，降低成虫的自然交配率，从而降低后代幼虫的虫口密度。应用较多的有潜叶蛾、卷叶蛾、食心虫等鳞翅目害虫，如金纹细蛾、苹小卷

图3-11　性诱芯和迷向丝

叶蛾、桃小食心虫等。根据果园害虫种类选择对应的性诱芯及其配套诱捕器。性诱芯数量、诱捕器所放的位置和高度、气流情况等会影响诱捕效果，应根据作物、害虫的生物学习性等进行试验，确定最佳田间布局、悬挂高度、间隔距离等，再示范推广。

1. 诱捕装置组成

整套诱捕装置由性诱芯和诱捕器组成。性诱芯是含有适量性信息素的载体，常为钟形的反口橡胶塞或毛细管，持效期一般为1～1.5个月，也有2～3个月的；诱捕器因害虫种类不同，有干式诱捕器、三角屋式和船式粘胶板诱捕器、漏斗式诱捕器、多功能桶形诱捕器、水盆诱捕器等。苹果上大多使用的是三角屋式（图3-12）或自制的水盆诱捕器。性诱芯一般每4～6周更换1次，也有诱捕器可重复使用，但应视粘虫情况及时更换粘板。

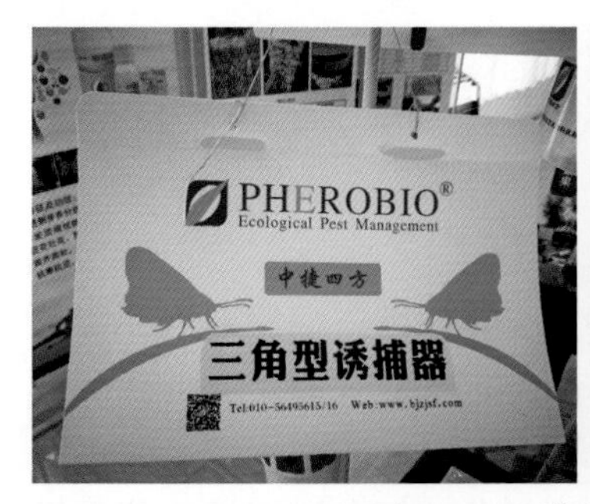

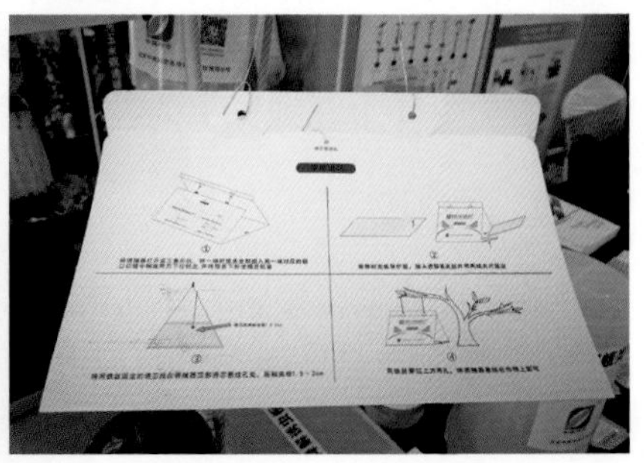

图3-12　三角屋式诱捕器使用说明

2. 性诱捕技术（以金纹细蛾为例）

（1）悬挂时间。越冬代成虫羽化前。

（2）悬挂数量。一般每亩设置诱捕器5 ~ 8个，可根据果树栽植密度、果园郁闭程度适当增加。

（3）悬挂方法。将性诱芯在配套诱捕器内的粘板上粘牢，或用细丝悬挂在诱捕器内上方，然后将诱捕装置悬挂在果树树冠中部阴面通风处的树干上，悬挂高度一般距地面1.2 ~ 1.5米，棋盘式布局，每两个相邻诱捕器间隔20 ~ 30米，连片使用时果园外围布置密度适当高于内圈和中心。

（4）注意事项。信息素高度敏感，安装前一定要洗手。性诱芯根据有效期及时更换，粘板粘满虫后及时更换，诱到的害虫带出园外集中处理。未使用完的性诱芯冰箱冷藏保存。同一果园如使用2种以上害虫性诱捕器，同一性诱芯不能放置在同一诱捕器内。百亩以上连片果园或独立成片果园使用效果最佳（图3-13、图3-14）。

图3-13　苹小卷叶蛾性信息素及其配套屋式诱捕器

图3-14　金纹细蛾性诱芯及其配套诱捕器

（二）迷向法（以梨小食心虫为例）

在田间或果园设置一定数量的性迷向丝（含有人工合成性诱剂的高分子缓释载体毛细管），在一定范围内大量、持续地释放性信息素化合物，使田间到处弥漫着高浓度的化学信息素或性信息素的同系物、抑制剂，迷惑雄虫，使其无法定向找到雌虫，干扰和阻碍雌雄虫正常交尾，达到控制其交配繁殖的目的。迷向丝持效期长达3～6个月，田间应用操作简单，果树整个生育期使用1～2次。国内梨小食心虫的迷向防治法已得到较大面积的推广应用。

（1）适用对象。适用于桃、梨、苹果、杏、李、梅等果树防治梨小食心虫。

（2）使用时间。越冬代成虫羽化前，田间可设置一个梨小食心虫的监测用三角屋式性诱捕器，诱捕器诱到第一次成虫即可开始绑扎。

（3）迷向丝数量。一般每亩用迷向丝40 ～ 60根，可根据果树栽植密度、果园郁闭程度、虫口密度等适当调整迷向丝数量。

（4）使用方法。1/3迷向丝绑扎在树冠外围的底部树枝上，1/3迷向丝绑扎在树冠1/3高度的树枝上，1/3迷向丝绑扎在树冠2/3高度的树枝上。可根据果树株数，每株树1根或2株树1根，交叉绑扎。树冠上、中、下以及四周均匀分布，以达到立体迷向效果。果园中上风口的果树可适当多绑扎一些。综合防效达95%以上，绿色防控效果明显（图3-15）。

图3-15　迷向丝的使用

（5）注意事项。每5亩设置1个监测诱捕器。百亩以上连片果园或独立成片果园使用效果最佳。信息素高度敏感，绑扎前一定要洗手，并戴一次性手套。未使用完的迷向丝冰箱冷藏保存。

（三）联合治虫

联合治虫指将昆虫性信息素与化学不育剂、病毒、细菌和杀虫剂等联合使用，即用性信息素先将害虫引诱过来，使其与杀虫剂接触而死亡；或使雄虫与不育剂、病毒或细菌等接触后飞离，通过与其他个体接触及雌雄交配将病毒、细菌等传播给雌性个体，并经过卵传给后代，使新生后代感染病毒或细菌，从而达到控制害虫种群的目的。还有将性信息素与黄色、蓝色粘虫板结合，制成性信息素粘虫板，诱杀粉虱、蓟马等害虫，起到色诱、性诱双重作用。

二、灯光诱杀技术

灯光诱杀技术是指利用昆虫成虫对不同波长、波段的光具有较强趋性的原理进行诱杀，有效控制害虫种群数量，是重要的物理诱控技术。常用的杀虫灯因光源的不同可分为传统光源杀虫灯和新型发光二极管（LED）类杀虫灯。LED新光源杀虫灯主要包括发光二极管、太阳能电池板、蓄电池、自动控制系统、高压电网等部件。因电源的不同可分为交流电供电式杀虫灯和太阳能供电式杀虫灯等。太阳能供电式杀虫灯一般包括专用光源、太阳能电池板、蓄电池、自动控制系统、高压电网等部件。目前主要用的有太阳能传统光源杀虫灯和LED新光源杀虫灯两种。太阳能传统光源杀虫灯又有辐射式杀虫灯、多用体杀虫灯、立杆式杀虫灯等多种类型（图3-16）。

图3-16　杀虫灯

杀虫灯针对特定昆虫的诱导波长，研制专用光源，引诱害虫扑向灯光，光源外配置高压击杀网，杀灭害虫。据调查，杀虫灯能诱杀以鳞翅目和鞘翅目害虫为主的多种类型的害虫成虫，包括棉铃虫、夜蛾、食心虫、地老虎、金龟子、蝼蛄等几十种，目前在水稻、棉花、花生、茶叶、苹果、葡萄、柑橘、龙眼、露地蔬菜、烟草、园林物等多种作物上都有应用。单灯控制面积因灯而异，一般为20～50亩不等。不同种类昆虫对不同波长光的趋性不同，如桃小食心虫对405纳米波长的光反应最强烈。不同型号杀虫灯的波长、波段不同，光波范围多为320～650纳米，诱杀的昆虫种类、效果也有差异。有研究表明340～370纳米的紫外光区对夜蛾、灯蛾、毒蛾等鳞翅目害虫的诱杀效果好。因此，要根据果园主要病虫害的种类，选择适宜光谱波段和光照强度，对目标害虫进行监测和诱杀，并通过试验调查确定田间应用技术，最大限度地杀灭害虫、保护益虫。

（1）使用条件。夜蛾、卷叶蛾等鳞翅目害虫，金龟子等鞘翅目害虫危害较重的果园。

（2）田间安装。灯柱高度（杀虫灯悬挂高度）因不同作物高度而异，一般来说，对果树等园艺作物，杀虫灯接虫口距离树冠上部50～60厘米。

（3）田间布局。开阔、连片果园一般是棋盘状分布。开展试验或针对某块危害较重的区域，为防止害虫外迁，宜用闭环状分布。如果果园地形不平整，或有物体遮挡，或只针对某种害虫特有的控制范围，则可根据实际情况采用其他布局方法，如在地形较狭长的地方，采用小“之”字形布局。棋盘状和闭环状分布中，各灯之间和两条相邻线路之间间隔以单灯控制面积计算，如单灯控制面积为30亩，灯的辐射半径为80米，则各灯之间和两条相邻线路之间间隔为160～200米。

（4）开灯时间。在害虫成虫发生高峰期，每晚7时至翌日3时开灯为宜。苹果园一般是开花期（4月中下旬）和果实膨大初期（7月上中旬）开灯。最好不要全生育期开灯，以免“滥杀无辜”。

（5）注意事项。及时清除接虫袋（器）中的虫体，集中深埋。

三、食饵诱杀技术

食饵诱杀技术是根据昆虫在寻找寄主、觅食、产卵等过程中对植物释放的一类挥发性化学物质的趋性，研究合成植物源引诱剂，人为提供引诱剂以诱捕害虫的技术。植物源引诱剂的核心成分是多种植物挥发物组合成的混合物，包括取食引诱剂和取食刺激剂等。植物源引诱剂针对成虫起作用，通常在成虫发生初期使用能取得最佳防效。

1. 植物源引诱剂的类型

（1）取食引诱剂。取食引诱剂主要来自寄主挥发性物质，引诱昆虫远距离对寄主进行定向搜索。苹果园中常用的取食引诱剂如糖醋液，就是利用某些鳞翅目、双翅目昆虫对甜酸气味的强烈趋性诱杀成虫，可购买商品糖醋液，也可自己配制，简单实用、环保无害。利用某些实蝇对玉米、大豆经发酵后产生的挥发性化合物具有明显的趋性，在蛋白水解饵料中混入杀虫剂诱杀实蝇；北京依科曼生物技术股份有限公司通过研究寄主植物的挥发性物质，开发了分别针对斑潜蝇、蓟马、粉虱、茶小绿叶蝉的取食引诱剂。棉铃虫食诱剂是利用成虫羽化后需要补充花蜜等高能量物质的习性，释放高度类似的昆虫偏好食物的气味，诱使昆虫前来取食并集中杀灭（图3-17）

图3-17　食饵诱杀棉铃虫

（2）取食刺激剂。取食刺激剂是植物的营养物质如糖、脂肪、蛋白质，也可以是植物次生性化合物如黑芥子苷、葫芦素等，一般是近距离地通过位于足部的感化器与位于口部的味觉器作用于昆虫。取食刺激剂主要与引诱剂和杀虫剂联用，并通过其被大量取食以消灭害虫。如美国利用葫芦素会刺激多种叶甲昆虫不由自主地取食的特性，研究将杀虫剂与葫芦素和引诱剂混合制成毒饵，目前已经有效控制了多种食根叶甲的种群数量。

2. 果园糖醋液诱杀技术

（1）诱杀对象。金龟子、食心虫、卷叶蛾等多种害虫。

（2）糖醋液配制。金龟子的配方为糖、醋、酒、水的比例为3 ∶ 1 ∶ 3 ∶ 10，食心虫的配方为糖、醋、酒、水的比例为4 ∶ 3 ∶ 1 ∶ 20，卷叶蛾的配方为糖、醋、酒、水的比例为1 ∶ 4 ∶ 1 ∶ 16。其中糖的含量对诱虫量影响较大，实际应用中因原料糖、醋、酒的成分或含量不同，应具体适当调整。按比例准备好糖、醋、酒和水，先将水加热到40℃左右，倒入红糖使其完全融化，冷却后加入醋和酒，搅拌均匀后倒入容器中，将盖子盖紧后放置于阴凉处待用。使用时在糖醋液中加入少量腐烂果实诱捕效果更佳。

（3）诱捕器。购买商品糖醋液诱捕器，或选择塑料小桶或盆自制诱盆，口径不宜太小，以10 ～ 15厘米为宜，瓶口应是直敞开或向外敞开的，花朵或果实的颜色以红色、黄色、橙色等为宜。

（4）应用技术。4月中旬至7月下旬为防治的关键时期。一般每亩果园10 ～ 15盆，选择当地常刮风向的上风处果树，悬挂在树冠外围中上部无遮挡处。将配制好的糖醋液倒入，以占容器体积1/2为宜（图3-18）。

（5）注意事项。使用时在糖醋液诱捕器附近悬挂粘虫板，诱捕效果更佳。每周更换1次，降雨后或高温季节及时更换或添加糖醋液。及时清除虫体并集中深埋。

图3-18 糖醋液诱杀

3. 食饵诱杀技术防治实蝇

以果瑞特实蝇诱杀剂为例。每亩用药1袋（180克）。1份原药，加2份水，充分搅拌均匀后倒入喷壶，在实蝇活动较活跃的早晨或者傍晚，选择果树或瓜果架背阴面中下层叶片点状喷洒。每亩果园喷10个点，每点用药液30 ~ 50毫升，以叶片上挂有滴状诱剂但不流淌为宜。

四、诱虫带诱集技术

利用绝大多数害虫休眠时寻找合适场所潜藏越冬的习性，或在主干产卵的习性，人为设置害虫冬眠场所或产卵场所，集中诱集捕杀，以达到减少虫口基数、控制害虫种群数量的目的。诱虫带选用棉干浆纸制作成瓦楞纸，一般棱波幅为4毫米×8毫米，瓦楞纸材料中添加了对越冬害虫具有诱引和催眠作用的木香醇，对害虫有极强的诱惑作用，害虫一旦进入很少外逃，能很快进入休眠状态。可诱集叶螨、康氏粉蚧、卷叶蛾、毒蛾、灰象甲等多种害虫。

1. 诱集害虫休眠

害虫越冬前（8 ~ 9月），将诱虫带对接后顺长绕树干一周，用绳子或胶布绑扎固定在果树第一分枝下5 ~ 10厘米处，或固定在其他大枝基部5 ~ 10厘米处，诱集沿树干下爬寻找越冬场所的害虫。一般待害虫完全潜伏休眠后到出蛰前(12月至翌年2月底)，最好是来年早春惊蛰过后1周天敌爬出而害虫出蛰前，集中解下诱虫带烧毁或深埋，诱虫带不可重复使用。注意诱虫带绑扎宜早不宜迟，接缝处要严实、不留缝隙（图3-19）。

图3-19　诱虫带诱杀

2. 诱杀天牛虫卵

天牛产卵前，将洗净的编织袋裁成宽20 ～ 30厘米的长条，在易产卵的主干部位，用裁好的编织条缠绕2 ～ 3圈，每圈之间连接处不留缝隙，然后用麻绳捆扎，诱导天牛将卵在编织袋上，使天牛卵失水死亡。也可用生石灰1份、硫黄粉1份、水40份混合拌匀制成涂白剂，涂刷树干基部，防止成虫产卵。

五、色板诱杀技术

色板诱杀技术是指利用昆虫对不同颜色的趋性，制作各类有色粘板诱杀害虫，达到控害、减少损失的目的，主要在设施蔬菜和果园用于对刺吸式微小昆虫的诱杀。蚜虫、粉虱、叶蝉趋向黄色、绿色，一些寄生蝇、种蝇偏嗜蓝色，蓟马偏嗜蓝紫色或黄色，夜蛾、尺蠖对于色彩比较暗淡的土黄色、褐色有显著趋性。为增强对靶标害虫的诱捕力，可将害虫性诱剂、植物源诱捕剂与色板组合，诱捕剂载于诱芯，诱芯可嵌在色板或者挂于色板上，诱杀效果明显优于单一色板或单一诱捕剂。色板多为长方形或正方形，规格不等，如20厘米 × 40厘米、20厘米 × 30厘米、20厘米 × 20厘米、30厘米 × 30厘米等。色板上均匀涂布无色无味的粘虫胶，胶上覆盖防粘纸，田间使用时揭去防粘纸。油菜花黄色粘板可诱捕蚜虫的有翅蚜，于害虫成虫始发期或迁飞前，将粘虫板挂于树冠中部南侧，每1 ~ 2棵树挂1张，可根据作物种类和种植密度适当增加。素馨黄色粘板可诱捕粉虱害虫，于春季越冬代羽化始盛期至盛期诱捕飞翔的粉虱成虫。蓝色粘板可诱捕蓟马害虫。土黄色粘板、浆黄色粘板可诱捕尺蠖和夜蛾害虫，于雌尺蠖产卵前期悬挂。色板粘满虫体后应及时更换。

第五节　植物免疫诱抗技术

植物免疫诱抗技术作为一种新型的绿色防控技术，通过提高作物自身免疫力抵御外界不良因素的危害，对作物健康生长有独特的作用。近年来，随着植物免疫诱抗剂的不断研发，依托产品的免疫诱抗技术应用成为病虫害绿色防控技术的一项重要内容。

一、免疫诱抗技术原理

研究表明，当植物受到外界刺激或遭遇逆境条件如冻害、高温、病原微生物入侵时，植物能够通过调节自身的防卫和代谢系统产生免疫抗性反应，分泌植保素、水杨酸等多种免疫功能物质，以抵御不良环境、抵抗病原菌入侵、抑制病原微生物生长，减缓病害发生发展。研究已明确植物的这种免疫系统由两级免疫传感器组成，第一级是植物细胞表面可以针对不同微生物的入侵，促使植物细胞分泌出具有抵抗功能的调节蛋白；第二级是植物细胞内本身就存在的特殊抗体蛋白，可以与植物细胞的分泌物一起抵御病原微生物的入侵。

植物免疫诱抗技术就是通过拌种、浸种、浇根和叶面喷施等方法施用植物免疫诱抗剂，激活植物与抗病性相关的代谢途径，产生具有抗菌活性的植保素、水杨酸和茉莉酸等物质；激发植物体内的一系列代谢调控系统，促进植物根、茎、叶生长和提高叶绿素含量，改善农艺性状，提高抗病抗逆能力的技术措施。近年来我国在植物免疫诱抗技术研究方面取得了积极的进展，如中国农业大学利用枯草芽孢杆菌诱导了多种农作物对多种植物病害的抗性，中国科学院大连化学物理研究所利用寡糖诱导了多种植物对植物真菌病害的抗性，中国农业科学院植物保护研究所利用来源于细极链格孢真菌的激活蛋白诱导了多种植物对病毒病及多种植物病害的抗性。这些研究都已形成产品并应用于田间，取得了较好的抗病增产效果。

二、免疫诱抗剂种类

植物免疫诱抗剂的种类很多，目前，市场上常见的有氨基寡糖素、几丁聚糖、多糖类、免疫激活蛋白、超敏蛋白、S-诱抗素等，生产中应用范围较广的主要是寡糖植物免疫诱抗剂与蛋白质植物免疫诱抗剂，其中氨基寡糖素（正业海岛素）已登记，应用技术比较成熟。

寡糖植物免疫诱抗剂中，β-葡聚糖是由植物病原菌培养物滤液或酵母抽取液中得到的纯化物，能激发大豆植保素的积累和富含羟脯氨酸糖蛋白的产生，在烟草体内可诱导植株对病原体产生抗性并激活富含甘氨酸蛋白的表达；几丁质是N-乙酰氨基葡萄糖通过β-1，4键连接而形成的线性多聚糖，其部分脱乙酰化的产物即为壳聚糖，壳寡糖的生产多以海洋甲壳动物外壳为原料，经过脱乙酰化处理后生成壳聚糖，应用最广的是氨基寡糖素。

蛋白质植物免疫诱抗剂是从多种真菌中筛选、分离、纯化出的新型蛋白质，主要包括过敏蛋白、隐地蛋白和激活蛋白等，通过激发植物自身的抗病防虫功能基因表达，增强植物对病虫害的免疫能力并促进植物生长，是一种新型、广谱、高效、多功能生物农药。

三、免疫诱抗剂的应用

免疫诱抗剂不同于传统农药，不直接作用于植物病原菌，而是通过激发作物的免疫反应，诱导作物抗病抗逆，促进作物健康生长、改善果品品质、促进作物增产等，但要注意的是，植物免疫诱抗剂是通过激活果树或作物的免疫系统获得抗性的，这种抗性是一种非专化性、广谱的抗病性或抗逆性，而其本身没有杀菌活性，在防治病害时必须与杀菌剂配合使用，尤其是在病害大爆发时不能替代杀菌剂的作用（图3-20）。

图3-20　免疫诱抗剂的应用

果树上免疫诱抗剂应用相对成熟的是氨基寡糖素及其复配制剂，代表性产品是5%氨基寡糖素水剂（正业海岛素），是一种新型海洋寡糖植物免疫诱抗剂，选用特定聚合度的壳寡糖为主要成分，易溶于水，吸收快，活性高，绿色环保，施用后能够快速地与作物细胞结合。对作物有以下作用：一是诱导抗病，通过诱导作物产生大量抗病因子，有效预防病原菌侵染，延缓发病时期，减轻发病程度；二是诱导抗逆，通过调控植物在寒冷、干旱等逆境条件下的生理生化机能，减轻不良环境对作物的影响；三是促进生长，通过调节作物体内代谢平衡，促进根系对养分的吸收，提高叶绿素含量，改善品质；四是促进增产，通过降低逆境对作物的不良影响，提高光合效率，促进植物器官分化和养分积累，从而提高产量。

5%氨基寡糖素水剂使用技术：苹果、梨、柑橘等果树，于开花前、幼果期、果实膨大期用800 ~ 1 000倍液喷雾3 ~ 4次，单独喷施或与其他药剂混配使用，与药剂混用时注意在其他药剂混配好后最后加入。可有效抵御花果期倒春寒，保花保果，提高坐果率20% ~ 80% ；延缓主要病害的发病时期15天以上，病叶率降低15%，病情指数明显降低；苹果褐斑病、斑点落叶病等病害发病初期，将氨基寡糖素与戊唑醇或嘧菌酯等杀菌剂组合应用，可提高防效10%以上，促进生长，保叶效果好，叶片浓绿，百叶鲜重增加，新生枝条花芽数增多，树势增强，提高产量10%以上，减少化学农药使用量20% ~ 30%。

第六节 生物防治技术

生物防治是指利用有益生物活体或生物代谢及生物技术获得的生物产物来控制有害生物的方法，主要包括以虫治虫、以菌治虫和以鸟治虫三大类。它利用了生物物种间的相互关系，以一种或一类生物抑制另一种或另一类生物，是降低杂草和害虫等有害生物种群密度的一种方法。对生物防治的范畴历来就有两种不同的理解。广义生物防治把用以控制有害生物的“生物”理解成生物体及其产物，生物体包括利用某些能寄生于害虫的昆虫、真菌、细菌、病毒、原生动物、线虫以及捕食性昆虫和螨、益鸟、鱼、两栖动物等；而生物体产物的含义非常广，例如植物的抗害性和杀生性、昆虫的不育性、激素及外激素、抗生素等，以虫治虫、以菌治虫、以菌治菌均可认为是生物防治。狭义生物防治是指直接利用生物活体（微生物、动物、植物）控制有害生物。目前，我国的农业生产中主要是通过利用天敌昆虫和生物农药进行生物防治。优点是对人畜安全，不污染环境，有害生物不会产生抗性，是农药等非生物防治病虫害方法所不能比的。缺点是杀虫作用缓慢，大多数天敌对有害生物选择范围窄，对暴发性害虫及多种害虫同时并发难以迅速奏效；天敌的保护利用技术难度较大，往往需要人工大量繁殖，而释放到田间后又会受到温度、湿度等环境因素的影响。

一、天敌昆虫利用技术

保护和应用有益生物来控制病虫，是绿色防控必须遵循的一个重要原则。其实天敌昆虫在自然界中本就存在，但在实际中天敌的数量不足和存在的跟随现象等往往不能满足作物生产的需要。通过天敌的人工扩繁和释放来补充自然界中天敌种类和数量的不足，是目前国内外害虫生物防治普遍应用的技术之一，对于控制害虫和维护生态平衡均可发挥重要作用。天敌的繁育增殖技术，不仅可以为有效控制害虫提供足够的天敌种群数量，满足生产上害虫防治的需要，同时，部分天敌的工厂化繁育增殖技术也是实现天敌利用商业化的重要途径。

实际应用中，人工释放天敌常常要配套有益于天敌繁殖、生存的生态小环境，即通过保护有益生物的栖息场所，为有益生物提供替代的充足食物；应用对有益生物影响最小的防控技术，有效地维持和增加农田生态中有益生物的种群数量，达到自然控制病虫危害的效果。田间常见的有益生物如捕食性、寄生性天敌和昆虫微生物，在一定的条件下均可有效地将病虫危害抑制在经济损失的允许水平以下。

目前，国内外可以进行大量人工繁育的天敌种类很多，按照其取食方式分为寄生性天敌昆虫和捕食性天敌昆虫两大类。

寄生性天敌昆虫寄生于害虫体内或体外，以其体液和组织为食，使害虫致死，主要有寄生蜂和寄生蝇。寄生蜂是专门寄生在其他昆虫体内为生的蜂类，主要有赤眼蜂、蚜茧蜂、肿腿蜂、丽蚜小蜂等，是目前生物防治中以虫治虫应用较广、效果显著的天敌。在所有天敌昆虫中，赤眼蜂的应用最为广泛，世界各地约有20种赤眼蜂经常被用于控制至少22种作物和林木上的鳞翅目害虫，防治面积达3 200万公顷。寄生蝇多寄生在蝶蛾类的幼虫或蛹内，以其体内养料为食，使其死亡。

捕食性天敌昆虫以害虫为食，有的咀嚼吞下，有的吸食，种类较多，包括草蛉、瓢虫、食蚜蝇、捕食螨（胡瓜钝绥螨、巴氏钝绥螨、智利小植绥螨、西方盲走螨）、猎蝽、蜘蛛、步甲、螳螂、蚂蚁、蜻蜓等几大类。果树上常应用胡瓜钝绥螨、巴氏钝绥螨等防治害螨，用瓢虫防治介壳虫和蚜虫，用草蛉、丽蚜小蜂防治蔬菜粉虱、蚜虫等，用金小蜂防治越冬棉红铃虫，用大红瓢虫防治柑橘吹绵蚧，以及山雀、灰喜鹊、啄木鸟等捕食害虫的不同虫态，黄鼬、猫头鹰、蛇等捕食鼠类等。

我国在天敌昆虫的扩大繁育与利用方面取得了显著成就，20世纪70年代以来，我国已成功地建立了赤眼蜂、平腹小蜂、管氏肿腿蜂、周氏啮小蜂、草蛉、七星瓢虫、丽蚜小蜂、小花蝽、胡瓜钝绥螨、智利小植绥螨、西方盲走螨等天敌昆虫的人工大量繁殖体系。果树上最常应用的有赤眼蜂防治卷叶蛾、食心虫等，日光蜂防治苹果绵蚜，肿腿蜂防治天牛。

1. 释放赤眼蜂防治果树害虫技术

苹小卷叶蛾发生重的果园，释放松毛虫赤眼蜂进行防治(图3-22)。工厂化繁育的赤眼蜂，通常将寄生卵粘在一定规格的纸上，制成蜂卡，或将寄生卵装入或粘在一定形状的容器内，制成放蜂器（图3-21)，便于田间释放。常见的蜂卡或放蜂器类型有锥形、粽形、手抛球形、卡纸形等。

（1）放蜂时间。根据苹果小卷叶蛾性信息素诱捕器的诱蛾数，在越冬代成虫产卵初期（一般是成虫出现高峰后第3 ～ 5天）开

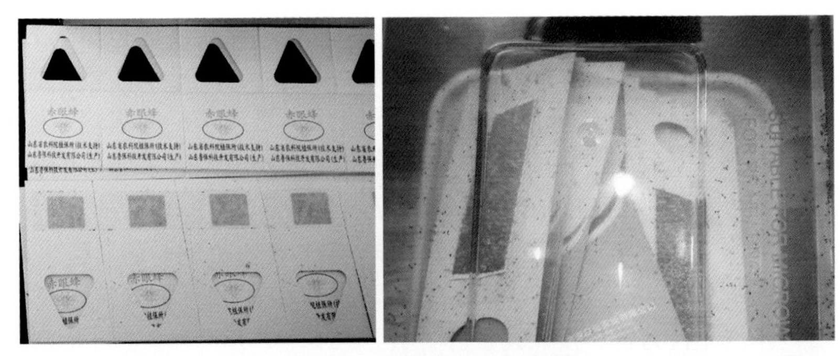

图3-21　赤眼蜂卵卡和卵袋

图3-22　松毛虫赤眼蜂防治苹小卷叶蛾

始第一次放蜂。

（2）放蜂密度和数量。单位面积放蜂点越多，寄生效果越好，果园通常每亩均匀设置8 ～ 12个点。每亩每次放蜂总量0.8万～ 1万头，每代放蜂3 ～ 4次，每隔5 ～ 7天放蜂1次。根据害虫卵量可减少或增加1次。

（3）放蜂方法。将蜂卡固定在果树树冠外围小枝上，避免阳光直接照射蜂卡。5 ～ 7时或16 ～ 18时为最佳放蜂时间，避免大雨天放蜂。

（4）注意事项。释放面积越大、地块越连片，防效越好。蜂卡在田间要摆布均匀。

放蜂期禁止使用毒死蜱等对赤眼蜂高毒的农药，宜与生态和农艺措施、昆虫性诱剂（诱杀成虫）、苏云金杆菌制剂等微生物农药（防治幼虫）等绿色防控技术协调应用，实现全程绿色控害，大幅度减少农药使用。果园四周可种植芝麻、酢浆草等蜜源植物和显花植物，为赤眼蜂及自然天敌提供蜜源食料，增强放蜂效果。

2. 释放捕食螨防治果树害螨技术

工厂化繁育的捕食螨通常是将一定数量的捕食螨与麸皮混合装在容器内，制成不同规格或不同包装的捕食螨袋。人工释放捕食螨如胡瓜钝绥螨、巴氏钝绥螨等，可控制果树山楂叶螨、全爪螨等叶部害螨。

（1）释放时间。释放适期有两个，越冬雌成螨出蛰盛期即苹果花芽露红至开花前（4月上中旬）和越冬代雌成螨处于内膛集中阶段即苹果套袋前（6月上旬），平均单叶害螨（包含卵）低于2头时释放。

（2）释放数量。每株1袋（规格为2 500只/袋）。

（3）释放方法。释放捕食螨前10天采用阿维菌素、多抗霉素等药剂，进行全面细致地药剂清园，压低螨口基数在单叶2头以下，药后10 ~ 15天后释放捕食螨。傍晚或阴天释放。先斜剪开袋上方一角的1/3，将捕食螨纸袋夹在对折后的遮雨塑料纸内，遮住捕食螨纸袋上方剪开的角（以免雨水灌进捕食螨袋里），然后用图钉固定在第一主枝基部上方贴主干处背阴面，袋口紧贴树干，以利捕食螨快速爬到全树，螨袋下沿贴靠枝桠处，以免被风刮掉（图3-23）。

（4）注意事项。挂螨后1个月内果园禁止使用杀螨剂，杀虫剂和杀菌剂应使用对捕食螨影响最小的印楝素、苦参碱、多抗霉素等生物药剂。果园行间最好种植三叶草或保留自然生草，四周种植芝麻、酢浆草等蜜源植物和显花植物，为捕食螨、赤眼蜂等自然天敌昆虫提供蜜源食料，增强天敌控害效果。宜与生态和农

图3-23　苹果树悬挂捕食螨袋

艺措施、昆虫性诱剂（诱杀成虫）、苏云金杆菌制剂等微生物农药（防治幼虫）等绿色防控技术协调应用，实现全程绿色控害，减少农药使用。

二、生物农药应用技术

关于生物农药的概念和内涵，不同国家农药管理部门有不同的界定。国际经济合作与发展组织（OECD）提出的生物农药包括信息素、昆虫和植物生长调节剂、植物提取物、微生物、大生物（主要指捕食性和寄生性天敌），没有将农用抗生素列入生物农药的范畴。欧盟农药登记虽然采用OECD关于生物农药的定义，但在登记时仍将信息素、植物提取物等视作化学农药，而且不允许转基因作物登记。美国国家环境保护局（EPA）界定的生物农药包括微生物农药（活体微生物）、生物化学农药（信息素、激素、天然的昆虫或植物生长调节剂、驱避剂以及作为农药活性成分的酶）、转基因作物，没有将农用抗生素列入生物农药的范畴。我国农业农村部农药管理部门对生物农药的界定类似于EPA，包括生物农药和生物化学农药，但没有正式文件明确农用抗生素不属于生物农药。因此，本节从生产应用角度出发，主要参考L. G. Copping主编的*Biopesticide Manual*中关于生物农药的界定，介绍的生物农药包括活体微生物（病毒、细菌、真菌）、植物源农药

（植物提取物）、昆虫天敌、昆虫生长调节剂（蜕皮激素、保幼激素等）、昆虫致病线虫、微生物的次生代谢产物（抗生素）等对害虫、病菌、杂草、线虫、鼠类等有害生物进行防治的一类农药制剂。使用者在应用时应根据不同果品生产标准（绿色、有机等）、出口国对农残的标准等具体选择适宜的生物药剂品种。

生物农药一般分为直接利用生物活体和利用源于生物的生理活性物质两大类，前者包括细菌、真菌、线虫、病毒及拮抗微生物等，后者包括农用抗生素、植物生长调节剂、性信息素、摄食抑制剂、保幼激素和源于植物的生理活性物质等。在我国农业生产实际应用中，生物农药一般泛指可以进行大规模工业化生产的微生物源农药，它的特点是安全可靠、不污染环境、杀虫效率高、对人畜无害、不易产生抗药性，是一种绿色农药。生物农药按照其成分和来源可分为微生物活体农药、微生物代谢产物农药、植物源农药、矿物源农药4类。

1. 微生物农药

微生物农药是指利用微生物活体或其代谢产物来防治危害农作物的病、虫、草、鼠害及促进作物生长的一类生物农药。这类农药具有选择性强，对人、畜、农作物和自然环境安全，不伤害天敌，不易产生抗性等特点。据调查，目前登记的在有效期的微生物农药品种有451个，这些微生物农药包括细菌、真菌、病毒、病源线虫或其代谢物（表3-3）。

表3-3　常用微生物农药一览表

分　类	主要种类	
	杀菌剂	杀虫（螨）剂
真菌类	寡雄腐霉、哈茨木霉、淡紫拟青霉、绿耳霉菌及其复配剂等	白僵菌、球孢白僵菌、金龟子绿僵菌、绿僵菌、蜡蚧轮枝菌等
细菌类	枯草芽孢杆菌、蜡质芽孢杆菌、荧光假单孢杆菌、多粘类芽孢杆菌、解淀粉芽孢杆菌等	苏云金芽孢杆菌、短稳杆菌、金龟子芽孢杆菌等

（续）

分　类	主要种类	
	杀菌剂	杀虫（螨）剂
病毒类		松毛虫核型多角体病毒、茶尺蠖核型多角体病毒、苜蓿银纹夜蛾核型多角体病毒、斜纹夜蛾质型多角体病毒、棉铃虫颗粒体菜青虫颗粒体病毒、小菜蛾颗粒体病毒等

（1）真菌类微生物农药。目前登记的有寡雄腐霉、耳霉菌、木霉菌、淡紫拟青霉、白僵菌、绿僵菌等。真菌杀虫剂寄主范围广，具有触杀性。杀虫机理是真菌孢子借助芽管产生的机械压力穿透昆虫表皮，或者酶解表皮感染寄主。其中，寡雄腐霉主要用于防治多种真菌性病害如白粉病、疫病、腐烂病、灰霉病、叶斑病、黑星病等，木霉菌主要用于防治白绢病、立枯病等，淡紫拟青霉主要用于防治根结线虫，白僵菌、绿僵菌主要用于防治松黑天牛、美国白蛾、蛴螬、蝗虫等害虫，蜡蚧轮枝菌用于防治介壳虫、粉虱、蚜虫和螨。真菌类微生物农药目前登记数量较少，但应用前景广阔。

（2）细菌类微生物农药。细菌类微生物农药是目前绿色食品和有机食品生产中害虫防治首选的药剂类型之一，登记数量最多，应用最广。

细菌杀虫剂通过营养体、芽孢在昆虫体内繁殖并在昆虫体内产生杀虫蛋白毒素或其他小分子的杀虫活性物质等杀死目标害虫。具有很高的选择性，只对靶标害虫起作用，对人畜和环境安全，不易产生抗性。与化学杀虫剂轮换使用或混用，能减少化学杀虫剂用量。主要有短稳杆菌、苏云金杆菌等，其中，苏云金芽孢杆菌的各种变种制剂是目前应用最为广泛的品种，约占到全部生物农药使用量的90%，可用于防治鳞翅目、直翅目、鞘翅目、双翅目等多种害虫，如果树上的毛虫、尺蠖、巢蛾、夜蛾等。短稳杆菌对多种鳞翅目害虫的低龄幼虫防效显著，如果树食心虫、美国白蛾、菜青虫、黏虫、螟虫、实蝇、果蝇等。

细菌杀菌剂主要有枯草芽孢杆菌、蜡质芽孢杆菌、荧光假单孢杆菌、多粘类芽孢杆菌等，通过分泌抗菌物质，产生拮抗作用，产生营养与空间的竞争，诱导寄主产生抗性，促进植物生长，多具有防病和菌肥的双重作用，对枯萎病、立枯病、根腐病等土传病害效果好。

(3) 病毒类微生物农药。具有高度寄主专一性，主要具杀虫活性。目前该类微生物农药登记也较多，其命名主要依据病毒的形状和针对的害虫种类，如多核衣多面体核型病毒、棉褐带卷蛾颗粒体病毒、松毛虫核型多角体病毒、斜纹夜蛾质型多角体病毒、棉铃虫颗粒体病毒等。其中苹果小卷叶蛾颗粒体病毒用于防治苹果小卷叶蛾，棉褐带卷蛾颗粒体病毒用于防治果树棉褐带卷蛾，苜蓿银纹夜蛾核型多角体病毒可用于防治多种作物上的甜菜夜蛾，斜纹夜蛾核型多角体病毒可用于防治多种作物上的斜纹夜蛾，棉铃虫核型多角体病毒可用于防治棉铃虫，茶尺蠖核型多角体病毒可用于防治茶树茶尺蠖，小菜蛾颗粒体病毒可用于防治十字花科蔬菜小菜蛾，菜青虫颗粒体病毒可用于防治蔬菜菜青虫等。

2. 植物源农药

植物源农药是来源于植物体（人工栽培植物或野生植物）的农药，包括从植物中提取的活性成分、植物本身和按活性结构合成的化合物及衍生物，其有效成分通常不是单一化合物，而是植物有机体中的一些，甚至大部分有机物质。类别有植物毒素、植物内源激素、植物源昆虫激素、拒食剂、引诱剂、驱避剂、绝育剂、增效剂、植物防卫素、异株克生物质等。与化学合成等其他类农药相比，植物源农药具有环境友好、生物活性多样、作用方式特异、对非靶标生物安全、不易产生抗药性、促进作物生长并提高抗病性、种类多、开发途径多等特点。植物源农药产品中往往含有大量的有机酸、酚类、矿物质及激素，这些物质不但可调节作物的生长发育，也可诱导作物产生抗病性或抗逆性。

目前，在果树作物及有机农业领域得到应用的植物源农药有除虫菊素、苦参碱、印楝素、烟碱、鱼藤酮、川楝素、蛇床子素、乙蒜素、藜芦碱、小檗碱、雷公藤生物碱、苦皮藤素、鬼臼毒素、孜然杀菌剂、大黄素甲醚等（表3-4）。

表3–4　常用植物源农药

药剂通用名称	作用机理	作用方式	防控对象及注意事项
烟碱	神经毒剂	熏蒸为主，也有触杀和胃毒作用	蚜虫、蓟马、蝽象、卷叶虫、飞虱、叶蝉等
除虫菊素	神经毒剂	触杀为主	杀虫谱广，蚜虫和家庭卫生害虫。大田施用后持效期极短
苦参碱	神经毒剂	触杀为主，兼具胃毒	蚜虫、叶螨、菜青虫、黏虫等
苦皮藤素	破坏昆虫消化系统	胃毒、拒食	顶梢卷叶蛾、樱桃叶蜂、尺蠖、黏虫、菜青虫等鳞翅目害虫的幼虫
印楝素	干扰昆虫正常行为，抑制生长发育	触杀、胃毒、内吸、拒食、驱避	粉虱、蚜虫、蓟马、粉蚧、小菜蛾等鳞翅目害虫的幼虫
川楝素	干扰昆虫神经和消化系统	触杀、胃毒、内吸、拒食、驱避	粉虱、蚜虫、蓟马、粉蚧、小菜蛾等鳞翅目害虫的幼虫
鱼藤酮	抑制呼吸代谢，影响细胞正常分裂	触杀、胃毒	杀虫谱广，防治鳞翅目、半翅目、双翅目、鞘翅目、膜翅目等多种害虫，如蚜、螨、网蝽、夜蛾、尺蠖、蓟马等
鱼尼丁	肌肉毒剂	触杀、胃毒	卷叶蛾、食心虫、毒蛾、玉米螟等多种鳞翅目害虫的幼虫
黄芩甘（黄芩素）			苹果树腐烂病
小檗碱			苹果轮纹病

3. 矿物源农药

矿物源农药是指有效成分起源于矿物的无机化合物和石油类农药，包括硫悬浮剂、可湿性硫、石硫合剂，各种无机铜制剂如波尔多液、硫酸铜、硫酸铜钙、王铜、氢氧化铜、氧化亚铜、络氨酮等，石油类农药如机油乳剂、柴油乳剂等。该类农药均起源于自然界，一般毒性很低或无毒，在绿色食品生产中其使用不受次数、剂量的限制，可防治多种病虫害。矿物源农药属传统药剂，成本低、持效期长、防菌谱广、不易使病虫产生抗药性，应根据果树病虫害的种类、发生时期和每种药剂的防治对象合理使用。果树上最常用的是石硫合剂、波尔多液、矿物油乳剂等。

（1）石硫合剂。石硫合剂为既能杀菌又能杀虫、杀螨的无机硫制剂，是用生石灰、硫黄作原料加水熬制而成的枣红色透明液体（原液），有效成分为多硫化钙，有臭鸡蛋味，呈强碱性，对皮肤和金属有腐蚀性，也有晶体石硫合剂商品。通过渗透和侵蚀病菌细胞壁和害虫体壁来杀死病原菌及害虫，能防治苹果、梨树的白粉病、锈病、腐烂病、枝枯病、枝溃疡病、炭疽病、轮纹病及螨、介壳虫等，葡萄的黑痘病，桃、李、杏、樱桃的细菌性穿孔病等。对人畜毒性中等，对植物安全、无残留，不污染环境，病虫不易产生抗性。

使用方法：苹果树落叶后至萌芽前喷雾清园，熬制使用浓度为3～5波美度的石硫合剂，或45%晶体石硫合剂30倍液，防治叶螨、介壳虫及白粉病、轮纹病、腐烂病、锈病等越冬病虫害，降低病虫基数。果树休眠期涂干，可用熬制石硫合剂剩余的残渣配制涂白剂，配制比例为石硫合剂（残渣）：生石灰：水＝1：10：40，或石硫合剂（残渣）：生石灰：食盐：动物油：水＝1：10：1：1：40，涂刷果树主干和大枝基部，防止日灼和冻害，兼具杀菌治虫作用。

注意事项：石硫合剂呈强碱性，不能与忌碱性农药品种混用，不能与波尔多液等碱性药剂或机油乳剂、松脂合剂、铜制剂混用，否则会发生药害。喷施石硫合剂后，要间隔10～15天才能喷波尔多液；先喷波尔多液或机油乳剂的，要间隔20天以后才能喷布石硫合剂，以免发生药害。气温低于4℃或高于30℃时不宜喷施。

（2）波尔多液。波尔多液为保护性无机铜杀菌剂，有效成分为碱式硫酸铜，当它喷洒在植物表面时，通过释放可溶性铜离子使病菌细胞中的蛋白质凝固，破坏病菌细胞中某种酶，从而抑制病原菌孢子萌发或菌丝生长，防止病菌侵染。在相对湿度较高、叶面有露水或水膜的情况下药效较好，但对耐铜力差的植物易产生药害。具有杀菌谱广、持效期长、粘附力强、耐雨水冲刷的优点，尤其在多雨季节是不可替代的保护性杀菌剂，且病菌不会产生抗性，对人畜低毒，是应用历史最长的一种杀菌剂。广泛用于防治果树、蔬菜等作物的部分真菌性病害如褐斑病、黑星病、轮纹病、霜霉病、炭疽病等，细菌性病害如穿孔病、炭疽病、缩叶病等。

不同作物对波尔多液的反应不同，使用方法要根据树种或品种对硫酸铜和石灰的敏感程度（对铜敏感的少用硫酸铜，对石灰敏感的少用石灰）以及防治对象、用药季节和不同气温而定。对石灰敏感的作物有葡萄、瓜类以及马铃薯、番茄、辣椒等，这些作物使用波尔多液后，在高温干燥条件下易发生药害，因此要用石灰等量式、少量式或半量式波尔多液，且小苗一般不使用。对铜非常敏感的作物有桃、李、杏以及白菜、莴苣、大豆、菜豆等，应慎用。生产上常用的波尔多液比例有波尔多液石灰等量式（硫酸铜：生石灰＝1 ： 1）、倍量式（硫酸铜：生石灰＝1 ： 2）、半量式（硫酸铜：生石灰＝1 ： 0.5）和多量式［硫酸铜：生石灰＝1 ：（3 ～ 5）］，用水一般为160 ～ 240倍。

使用方法：现用现配。降雨较多的年份，苹果套袋后（6月中旬）至果实膨大期（8月下旬末）是各种病害的流行及侵染盛期，可以喷施石灰倍量式或多量式［硫酸铜：生石灰＝1 ：（2 ～ 3）］200倍波尔多液为主，间隔15 ～ 20天1次，连喷2 ～ 3次，对褐斑病、轮纹病、炭疽病、疫腐病等多种果实及叶部病害均具有良好的防治作用，但对斑点落叶病药效较差。6月后喷施波尔多液已避开苹果幼果对铜的敏感期，故较安全。

注意事项：①宜在降雨前、感病前或初发病期单独喷施。② 一般不能与石硫合剂、多菌灵、甲基硫菌灵、代森锰锌等杀菌剂、杀虫剂混用；花期和幼果期使用易产生药害；炎热的中午或阴雨天、雾天或露水未干的早晨喷药易引起石灰和铜离子迅速聚增，致使叶片、果粒灼伤。③易引起螨和介壳虫的增殖。④与石硫合剂轮换作用，需间隔2周以上。⑤对铜离子敏感的果树如桃、李、柿等应慎用。

（3）矿物油乳剂。柴油乳剂、煤油乳剂和机油乳剂统称为矿物油乳剂。药剂喷施于虫体或卵壳表面后，形成油膜，封闭害虫气孔使其窒息死亡；可通过穿透卵壳、干扰卵的新陈代谢和呼吸系统，起到杀卵、杀虫作用；通过干扰呼吸、破坏病菌的细胞壁并防止孢子的萌发和感染，有效杀灭真菌。目前，国内所登记的矿物油类农药的防治对象有红蜘蛛、小菜蛾、介壳虫、蚜虫、茶橙瘿螨、烟粉虱、梨木虱、二化螟以及白粉病等，尤其对于固定和移动缓慢的小虫防治效果非常理想。2016年，农业部根据农药品种毒性、残留限量标准、农业生产使用及风险监测等情况，制定并推出了《种植业生产使用低毒低残留农药主要品种名录》，矿物油是筛选出的36个杀虫剂品种之一。据农业部农药检定所网站查询显示，截止到2017年8月中旬，包括矿物油单剂或与哒螨灵、阿维菌素、吡虫啉、辛硫磷、马拉硫磷、炔螨特、氯氰菊酯等混配制剂的农药登记证达到173个，涉及厂家108个，剂型有乳油、微乳剂2种。一般是在果树休眠至萌芽前使用，根据产品推荐用法，防治果树和园林作物上的越冬蚜、螨、蚧。

4. 农用抗生素

农用抗生素也称微生物源农药，是指一类由微生物（细菌、真菌和放线菌等）发酵产生，具有农药功能，用于农业上防治病、虫、草、鼠等有害生物的一类次生代谢产物，其中放线菌产生的农用抗生素最多，目前广泛应用的许多重要农用抗生素都是从链霉菌属中分离得到的放线菌所产生的。与一般化学合成农药相比，农用抗生素属生物农药，具有结构复杂、活性高、用量小、选择性好、易被生物或自然因素所分解、不在环境中积累或残留等特点，是今后减少化学农药使用的重要途径。目前，我国已经登记的农用抗生素类农药有20余种、170多个产品。农用抗生素按用途区分，有杀菌剂、杀虫剂、杀螨剂、除草剂和植物生长调节剂，其中较为突出的杀虫（杀螨）剂有阿维菌素、浏阳霉素等，杀菌剂有多抗霉素、中生菌素、宁南霉素、井冈霉素、春雷霉素、申嗪霉素、梧宁霉素、武夷霉素、抗霉菌素120等（表3-5）。果树上应用多抗霉素防治斑点落叶病，用春雷霉素防治细菌性病害，用宁南霉素防治真菌病害和病毒病，用阿维菌素防治潜叶蛾、叶螨等，用浏阳霉素防治害螨等。

表3–5　常用微生物源（抗生素类）农药

药剂通用名称	作用机理	作用方式	防控对象及注意事项
多抗霉素	干扰病菌孢子萌发、细胞壁合成	广谱、内吸性	白粉病、疫病等多种真菌性病害，尤其是对交链孢菌引起的斑点落叶病、黑斑病、灰霉病等有特效
中生菌素	抑制细菌菌体蛋白质合成，使真菌菌丝畸形	广谱	软腐病、角斑病等多种细菌性病害，苹果轮纹病、斑点落叶病等真菌性病害
梧宁霉素	抑制蛋白质生物合成	广谱，保护兼治疗	苹果树和梨树腐烂病
春雷霉素	抑制蛋白质生物合成	保护兼治疗，内吸作用	多种细菌性病害和真菌性病害
宁南霉素	系统诱导植物产生PR蛋白，破坏病毒粒体结构，抑制病毒核酸合成与复制	广谱，保护兼治疗，内吸作用	白粉病、根腐病等真菌性病害，病毒病

（续）

药剂通用名称	作用机理	作用方式	防控对象及注意事项
抗霉菌素120	阻碍病原菌蛋白质的合成	广谱，内吸性强，保护兼治疗	白粉病、枯萎病、腐烂病等多种真菌性病害
井冈霉素	抑制菌丝生长	强内吸性	对纹枯病、枯萎病等丝核菌病害有特效
阿维菌素	神经毒剂	胃毒兼触杀，微弱熏蒸	食心虫、潜叶蛾等鳞翅目害虫的幼虫，梨木虱，害螨
多杀菌素	神经毒剂，烟碱乙酰胆碱受体拮抗剂	快速触杀+胃毒，叶片强渗透，持效期长	多种食叶害虫，如潜叶蛾、小菜蛾等鳞翅目害虫的幼虫以及叶甲、蓟马等
浏阳霉素		广谱杀螨剂	多种作物的害螨

5. 生物农药应用原则

生物农药大多具有“特殊活性”，专一性强，因此，在使用时要从剂型、使用次数、使用浓度、间隔期及合理混用等方面综合考虑，把握以下原则：

（1）对症选择用药。根据病虫害生物学特性及其发生发展规律，结合生物农药的作用特点和局限性，合理选用对应的药剂种类，根据药剂性能把握住合适的使用剂量。

（2）注意应用范围。不同国家农药管理部门因为出发点不同，看问题角度不同，对生物农药的概念、内涵有不同界定。不同质量标准的果品，对生产过程中使用的农药、果品农药残留限量等都有不同规定，尤其是抗生素的使用。生产者要根据自己果品生产目标质量、出口国家果品最低残留等规定选择生物农药。

（3）适期偏早施药。因为生物农药较化学农药药效发挥相对缓慢，一般宜提早预防用药或于病虫害发生初期施药。

(4）适法精准施药。生物农药因为其绿色、无污染的特点，主要用于经济作物，也可用于绿色、有机基地的大田作物，要根据其作用特点采用适宜的施药方法，如喷雾或根施等。果园等大面积田块，可用自走风送式喷雾机等大型机械喷施；大田用药则以全覆盖喷施为主，设施农业（如大棚蔬菜）则可采用低容量、超低容量、热雾、喷烟、静电法用药；蔬菜、花卉、中草药等田块，可用手动机械喷施。

(5）灵活用药。生物农药的药效发挥多对施药环境的温度、湿度等有一定的要求，要根据药剂的作用特点，宜于晴天下午4时至傍晚施药，以尽量避免温度对药剂的影响，延长药剂在植物表面的粘附时间，若药后下雨则在重新施药。除虫菊素、川楝素、印楝素等均易光解，应避免在强光高温下使用。使用二次稀释法配制喷雾液，稀释用水的温度至少20℃以上，注意稀释用水不能偏碱性，影响药剂的分散性及有效成分的稳定性。

第七节　化学防治减药控害技术

当前和今后很长一个时期内，化学防治依然是病虫害防控的一项主要措施，尤其是重大病虫害暴发时的快速控制。绿色防控并不排除化学防治，关键是如何优化、集成各生物、物理、生态调控等绿色防控技术，压低病虫源基数。在此基础上，根据靶标病虫害的发生规律、药剂作用特点等，科学进行药剂品种组合，实现减量使用化学农药，提质增效、规范技术、确保安全。而病虫监测调查始终是做好绿色防控尤其是药剂防治的基础，必须贯穿果树生产全过程。建立系统监测点，按照相关病虫害调查规范，开展监测调查，掌握苹果树不同生育期的主要防控对象及其动态变化，确定用不用药、用什么药（用药品种）、什么时间用（最佳施药时间）。

一、对症用药

抓住苹果树花芽露红期、落花后1周、套袋前、套袋后幼果期、果实膨大期和果实采收后1周等几个关键防治时期，确定主要防控对象及其发生动态情况，综合药剂的作用特性，对症选用药剂品种，不打保险药，不盲目混配。

1. 花芽露红期

此时期多种越冬病虫害开始活动。叶螨、卷叶蛾、金龟子、白粉病菌等危害嫩芽、花蕾，上年侵染的腐烂病斑开始扩展，病叶中的褐斑病菌、金纹细蛾蛹等越冬病虫源开始侵染、出蛰。优先选用生物药剂组合如苦参碱+多抗霉素+氨基寡糖素等，对症选用对蜜蜂低毒、残效期较短的治疗性杀菌剂和触杀性、渗透性强的杀虫剂各1种，最后加入免疫诱抗剂，混合后叶面喷雾。开花前10 ～ 15天，禁止选用对蜜蜂剧毒或高毒的氟硅唑、阿维菌素、甲氨基阿维菌素苯甲酸盐、氯氟氢菊酯、甲氰菊酯，以及新烟碱类药剂如吡虫啉、噻虫嗪等。仔细检查并刮除腐烂病病斑，并选用甲基硫菌灵糊剂或噻霉酮膏剂涂抹病处，超过树干1/4的大病斑及时桥接复壮。预报花期多雨，可于降雨前喷施多抗霉素预防霉心病。

2. 落花后1周

该时期为各种越冬病虫出蛰盛期，蚜虫、白粉病随春梢生长进入发生盛期，斑点落叶病、褐斑病、锈病病菌等开始侵染新叶，叶螨、金纹细蛾、卷叶蛾等危害嫩叶，可采用代森锰锌+甲维盐+哒螨灵药剂组合，或新烟碱类杀虫剂+代森锰锌类保护性杀菌剂组合，按推荐用量叶面喷雾。

3. 套袋前

该时期为叶部和果实病害的初侵染期和发病期，也是多种虫害发生繁殖的关键时期。斑点落叶病、褐斑病等病害开始发生，叶螨繁殖加快，黄蚜、金纹细蛾等进入危害盛期。可选用氯氟·吡虫啉+噁唑菌酮锰锌喷雾，尽量选用水分散粒剂、悬浮剂等水性化剂型；或阿维菌素类+吡唑醚菌酯等甲氧基丙烯酸类杀菌剂组合，或菊酯类+三唑类杀菌剂组合，按推荐用量叶面喷雾。

4. 套袋后幼果期

早期落叶病等病害处在潜伏期或初发生期，害虫、害螨开始繁殖，腐烂病开始新的侵染。对症选用丙森锌+戊唑醇+唑螨酯或代森锰锌+多抗霉素+高效氯氰菊酯+螺螨酯等季酮酸类杀螨剂组合，最后加入氨基寡糖素，混配后叶面喷雾。药剂涂干预防腐烂病，树干、大枝涂刷或淋刷甲硫萘乙酸、戊唑醇等药液1～2次。

5. 果实膨大期

此期为高温、多雨季节，诸多病虫害进入盛发期，尤其是早期落叶病等叶部病害危害加重，山楂叶螨、蚜虫、卷叶蛾等继续危害。根据病虫及天气情况，精准防治，尽量减少用药次数，注意药剂安全间隔期。针对早期落叶病，选用吡唑醚菌酯等甲氧基丙烯酸类杀菌剂，降雨多时单独喷施1次石灰倍量式或等量式波尔多液。前期控制不好、害螨量大时，可选用各螨态兼杀的联苯肼酯或乙螨唑等杀螨剂。注意不同作用机理的药剂交替或轮换使用。

6. 果实采收后1周

当年发生的各种病虫害的病原和害虫选择适宜场所逐渐进入越冬状态，如在粗老翘皮下越冬的山楂叶螨雌成螨、卷叶蛾越冬幼虫等；在病芽鳞中越冬的白粉病菌；枝干、枝条上的苹果树腐烂病病菌（新发病斑）、轮纹病病菌、干腐病病菌以及苹果全爪螨卵、介壳虫等；在病果、病落叶中越冬的金纹细蛾蛹及斑点落叶病病菌、褐斑病病菌和轮纹病病菌等；在杂草落叶下土缝中的银纹潜叶蛾成虫，在树下土壤中越冬的桃小食心虫幼虫。此外，夏季侵染的腐烂病新发病斑出现表面溃疡小高峰。选用内吸治疗性杀菌剂+长持效杀虫剂农药品种组合，全树喷雾，树干、大枝、枝杈处等重点部位一定要喷施周到，压低越冬病虫源基数。此期如未能药剂清园的，萌芽期针对越冬出蛰病虫，喷施1次石硫合剂。对腐烂病新发小病斑刮除表面溃疡后，选用杀菌剂涂抹病斑，防止病害进一步扩展。

二、精准用药

1. 确定具体的施药时间

明确了关键生育期及其主控对象仅仅只是基础，还要通过监测掌握主要防控对象的危害特点和规律，如病叶（株）率、虫叶率、虫口密度等的病虫发生动态情况，病虫发展阶段如病害处于侵入期、潜伏期，还是初发病期，害虫是出蛰期还是幼虫初繁殖期，预测爆发初高峰期，抓住薄弱环节，确定具体用药时间，做到治早治小。如一般害虫在越冬代和一代虫态较整齐，幼虫时抗药性弱，而且刚从卵里孵化出来，往往有群集性，抓住这个有利时机，及时用药防治，可事半功倍。

2. 掌握药剂作用特性

不同药剂的作用方式不同，须结合病虫危害特点进行选择。保护性杀菌剂于病害侵染前施用于植物体可能受害的部位，保护植物不受病菌侵染，广谱，不易产生抗性，如波尔多液、代森锰锌、百菌清等。治疗性杀菌剂在病菌已侵入植物体潜伏或初现症状时施用，可渗入植物组织内部杀死病菌，具保护和治疗双重作用，杀菌谱广，易产生抗性，如苯醚甲环唑、戊唑醇、甲基硫菌灵、异菌脲等。铲除性杀菌剂在病菌已在植物体内或在土壤中生存或发病时施用，如石硫合剂。胃毒性杀虫剂随食物一起进入害虫消化道，被吸收后扩散到害虫组织中起毒杀作用，对咀嚼式口器害虫有效，如敌百虫、除虫脲等。触杀性杀虫剂喷洒到作物表面或昆虫身上，害虫接触后引起中毒死亡，包括目前使用的大多数杀虫（杀螨）剂，如菊酯类。内吸性杀虫剂喷洒在植物上，被植物的根、茎、叶等组织吸收，害虫取食植物汁液后中毒，对刺吸式口器昆虫（蚜虫、飞虱）有特效，如新烟碱类；或对潜叶蛾、卷叶蛾等有效，如阿维菌素类等。

3. 交替和轮换用药

同一作用机理的杀菌剂之间、同一作用机理的杀虫剂之间往往有较强的交互抗性，如果长期使用单一药剂或同一作用机制的药剂交替或轮换使用，病菌和害虫种群受到的筛选条件是差不多的，实际上对预防和延缓抗药性的产生是没有太大帮助的，反而会加速病虫对这种农药产生抗性，降低防治效果，从而出现提高药剂用量后又增强抗药性的恶性循环。例如苯并咪唑类杀菌剂中的多菌灵和甲基硫菌灵交替使用，拟除虫菊酯类杀虫剂中的溴氰菊酯和氯氰菊酯轮换使用，就达不到延缓抗药性产生的目的。因此，作用机制不同的一种或几种药剂轮换和交替使用，才是延缓产生抗药性的最有效方法之一。杀菌剂中，甲氧基丙烯酸酯类与三唑类或苯并咪唑类等内吸杀菌剂轮换使用，石硫制剂、铜制剂与代森锰锌类皆属多位点制剂，不易产生抗性，可交替使用，都是较好的组合。杀虫剂中有机磷、拟除虫菊酯类、氨基甲酸酯类、菊酯类、烟碱类和生物制剂等几大类，其作用机制都不同，可轮换使用，延缓病虫抗性产生的同时，也减少了盲目用药和过度用药，达到提高防效、减药控害的效果。

《农药标签和说明书管理办法》（农业部令2017年第7号）中，要求农药标签应当标注：农药名称、剂型、有效成分及其含量；农药登记证号、产品质量标准号以及农药生产许可证号；农药类别及其颜色标志带、产品性能、毒性及其标识；使用范围、使用方法、剂量、使用技术要求和注意事项；中毒急救措施；储存和运输方法；生产日期、产品批号、质量保证期、净含量；农药登记证持有人名称及其联系方式；可追溯电子信息码；象形图等相关信息。使用时应仔细阅读农药标签，尤其是使用范围即适用作物或者场所、防治对象，使用方法是指施用方式如喷雾、撒施、灌根、种子处理等，使用剂量用每亩使用该产品的制剂量或者稀释倍数表示，使用技术要求主要包括施用条件、施药时期、次数、最多使用次数、安全间隔期，对当茬作物、后茬作物的影响及预防措施，以及后茬仅能种植的作物或者后茬不能种植的作物、间隔时间等。使用过程中一定要仔细阅读标签说明书，科学合理使用（表3-6、表3-7）。

表3-6　常用化学杀菌剂及其作用特点

化学类型名称	药剂通用名	作用机理	作用特点	防控对象及注意事项
二硫代氨基甲酸酯类	代森锰锌、代森联、代森锌、百菌清、丙森锌、福美双等	复合酶抑制剂，抑制真菌孢子萌发，干扰芽管发育等	高效、广谱、保护性杀菌剂，多作用位点杀菌，不易产生抗性，可与大多数内吸性杀菌剂混用	多种真菌性病害。 百菌清应在苹果开花前用，谢花后20天内不宜用药；苹果、葡萄黄色品种使用易产生锈斑，梨树易产生药害。 丙森锌不能与碱性药剂或含铜的药剂混用，并前后分别间隔7天以上
脱甲基抑制剂（三唑类）	三唑酮、烯唑醇、腈菌唑、氟硅唑、戊唑醇、丙环唑、苯醚甲环唑、四氟醚唑等	影响膜的甾醇合成	高效、广谱、低残留内吸治疗剂，持效期长、内吸性强	对几乎所有真菌性（子囊菌、担子菌、半知菌）病害（锈病、白粉病、黑星病、褐斑病、黑斑病等）有效，但对卵菌类病害（霜霉病、疫病等）无效。 酥梨幼果对氟硅唑敏感，易产生药害
甲氧基丙烯酸酯类	醚菌酯、嘧菌酯、吡唑醚菌酯、啶氧菌酯、丁香菌酯、烯肟菌酯、氟吡菌酰胺等	影响呼吸作用，作用于病菌的线粒体，阻止电子传递	杀菌谱广，渗透性强，具保护、治疗、铲除作用。强抑制病菌孢子萌发。持效期长，但易产生交互抗性	对几乎所有真菌性病害如子囊菌、担子菌、半知菌和卵菌门中的大部分病原菌有效。 嘧菌酯对嘎拉等早熟苹果敏感，不能与有机硅类助剂和乳油混用。 吡唑醚菌酯还有植物健康作用

（续）

化学类型名称	药剂通用名	作用机理	作用特点	防控对象及注意事项
苯并咪唑氨基酸酯类	多菌灵、甲基硫菌灵、苯菌灵、噻菌灵	干扰病菌的菌丝形成和细胞分裂	广谱、内吸性。多菌灵与波尔多液交替使用，先用波尔多液15天后再用多菌灵，或先用多菌灵10天后再用波尔多液	大多数植物病害，果树上如轮纹病、炭疽病、褐斑病、黑星病、白粉病、腐烂病等
二羧酸亚胺类	异菌脲、腐霉利、乙烯菌核利	影响蛋白激酶/组氨酸激酶的信号传递	保护性，有一定治疗作用	葡萄孢属、核盘菌属病害，如果树褐腐病、花腐病、灰霉病、菌核病等。异菌脲还可用于果实贮藏期病害
苯酰胺类	甲霜灵、精甲霜灵、噁霜灵	影响核酸合成	治疗剂，选择性强，持效期长，多与保护性杀菌剂混用	卵菌门病害，对霜霉菌、疫霉菌、腐霉菌引起的病害有特效，如疫腐病、霜霉病等
吡啶酰胺类	氟吡菌胺、噻唑菌胺、苯噻菌胺	影响细胞有丝分裂和细胞分裂	具良好的内吸传导性	卵菌门病菌引起的霜霉病、疫病、晚疫病、猝倒病等病害
羧酰胺类	烯酰吗啉、双炔酰菌胺	影响细胞壁的生物合成	与苯酰胺类无交互抗性	绝大多数卵菌门病菌引起的叶部病害，如霜霉菌、疫菌等
氰基乙酰胺肟	霜脲氰	作用机理未知	治疗剂，抑制孢子萌发。多与保护性杀菌剂混配	卵菌门病菌如霜霉菌、疫腐菌、疫菌等引起的病害

（续）

化学类型名称	药剂通用名	作用机理	作用特点	防控对象及注意事项
磷酸盐	三乙磷酸铝	作用机理未知	内吸传导作用强，保护兼治疗	对霜霉菌、疫霉菌引起的病害有特效，如果树病疫腐病、颈腐病、根腐病等
有机铜制剂	乙酸铜、噻菌铜、喹啉铜、琥胶肥酸铜(DT)、壬菌铜、松脂酸铜、腐殖酸铜、脂肪酸铜、硝基酸铜、环烷酸铜、铜皂液、氨基酸铜等	铜离子致病菌蛋白酶变性，抑制病菌孢子萌发和菌丝生长	克服了无机铜制剂的缺点，不易产生药害，可混用，不刺激螨类增殖	细菌性穿孔病、炭疽病、缩叶病、猝倒病、溃疡病、角斑病、软腐病等。葡萄黑痘病、霜霉病
芳烃类	五氯硝基苯、甲基立枯磷	影响脂质的合成与完整性	保护性，无内吸性，在土壤中持效期长	防治丝核菌病害，如白绢病、白羽纹病、根肿病等

图3–7 常用化学杀虫（杀螨）剂及其作用特点

化学类型名称	药剂通用名	作用机理	作用特点	防控对象及注意事项
昆虫生长调节剂类（仿生类）	灭幼脲、氟铃脲、除虫脲、氟虫脲、杀铃脲、氟啶脲等	几丁质生物合成抑制剂	杀虫谱广，胃毒作用强，有一定触杀作用，持效期长	鳞翅目昆虫，如食心虫、潜叶蛾、夜蛾等，具杀幼虫、杀卵活性。氟虫脲还对幼螨、若螨效果好
噻嗪酮	噻嗪酮	几丁质生物合成抑制剂	选择性强，强触杀，有胃毒；作用缓慢，宜低龄虫施用。茶树不宜使用	半翅目害虫，对飞虱、蚜虫、粉虱、叶蝉、介壳虫防效良好

（续）

化学类型名称	药剂通用名	作用机理	作用特点	防控对象及注意事项
虫酰肼类（新型仿生类）	甲氧虫酰肼、抑食肼	蜕皮激素促进剂	选择性强，持效期长，降低成虫产卵率及其孵化率	只对鳞翅目害虫（夜蛾、卷叶蛾、毒蛾、菜青虫、毛虫等）有效。对哺乳动物、鸟类和天敌昆虫、环境安全
多杀菌素类	多杀菌素、乙基多杀菌素	神经毒剂，烟碱乙酰胆碱受体拮抗剂	快速触杀+胃毒，叶片强渗透，持效期长	食叶害虫如菜蛾、夜蛾、蓟马、潜叶蝇等，鞘翅目和直翅目中的食叶害虫，对刺吸式害虫和螨防效差
新烟碱类	吡虫啉、啶虫脒、噻虫嗪、噻虫胺、呋虫胺、噻虫啉、烯啶虫胺等	烟碱乙酰胆碱受体促进剂	高效、广谱，与常规杀虫剂无交互抗性，胃毒、触杀，内吸传导，持效期长。对蜜蜂高毒	半翅目、双翅目、鞘翅目等害虫，刺吸式口器害虫，如蚜虫、叶蝉、粉虱、介壳虫、蓟马、叶蝉、甲虫、天牛等
砜亚胺类	氟啶虫胺腈	作用于昆虫的神经系统，烟碱类乙酰胆碱受体	作用方式多样，触杀、内吸传导、胃毒，经叶、茎、根吸收而进入植物体内。速效性强，持效期长。耐雨水冲刷	对刺吸式口器害虫尤其有效，如蚜虫、粉虱，飞虱、介壳虫、木虱、棉盲蝽等。能有效防治对烟碱类、菊酯类、有机磷类和氨基甲酸酯类农药产生抗性的吸汁类害虫
脂肪酰胺类	氯虫苯甲酰胺、溴虫苯甲酰胺等	鱼尼丁受体调节剂	高效广谱，胃毒+内吸性。对天敌和授粉昆虫安全	对鳞翅目害虫(夜蛾、螟蛾、蛀果蛾、卷叶蛾、粉蛾、菜蛾、麦蛾、细蛾科)防效良好，还能控制甲虫、潜叶蝇、粉虱等

（续）

化学类型名称	药剂通用名	作用机理	作用特点	防控对象及注意事项
吡啶酰胺类	氟啶虫酰胺	神经毒剂	具触杀和胃毒作用，具很好的快速拒食性	蚜虫等
拟除虫菊酯类	溴氰菊酯、氰戊菊酯、氯氟氰菊酯、甲氰菊酯、氟氯氰菊酯、联苯菊酯、氯氰菊酯等	钠离子通道调节剂	杀虫谱广，触杀+胃毒，驱避+拒食，击倒作用快，对天敌杀伤力大，对蜜蜂高毒	对鳞翅目幼虫高效。 半翅目和双翅目害虫，如蚜虫、飞虱、粉虱、叶蝉等。 甲氰菊酯、联苯菊酯兼有杀螨作用
阿维菌素类	阿维菌素、甲基阿维菌素苯甲酸盐（甲维盐）	氯离子通道激活剂	触杀、胃毒，无内吸性，微弱熏蒸，叶片渗透作用强。对鱼类、蜜蜂高毒	对多种鳞翅目、半翅目害虫及螨有很高活性，如潜叶蝇、潜叶蛾、害螨以及其他钻蛀性、刺吸式害虫
吡蚜酮	吡蚜酮	选择性取食阻滞剂	触杀、内吸。 木质部、韧皮部皆能输导	半翅目的飞虱科、蚜科、粉虱科、叶蝉科害虫
有机磷类	毒死蜱、辛硫磷	抑制乙酰胆碱酯酶	广谱，有良好的触杀、胃毒和熏蒸作用，无内吸性，有一定渗透作用，持效期较长	鳞翅目和刺吸式口器害虫，如食心虫类、潜叶蛾、绵蚜、蚜虫等
沙蚕毒素类	杀虫单、杀螟丹、杀虫双等	烟碱乙酰胆碱受体通道拮抗剂	杀虫谱广，有较强的触杀和胃毒作用，兼具内吸传导和一定的杀卵作用	鳞翅目、鞘翅目、半翅目、双翅目等多种害虫和线虫，如螟虫、尺蠖、潜叶蛾、食心虫、小菜蛾、菜青虫等

（续）

化学类型名称		药剂通用名	作用机理	作用特点	防控对象及注意事项
四嗪类		四螨嗪、噻螨酮	螨类生长抑制剂	触杀，无内吸性，对成螨效果差，持效期长。四螨嗪渗透作用强	四螨嗪作用速度慢，一般药后2天才能达到最高防效。 噻螨酮杀卵、幼螨、若螨，但抑制雌成螨产卵。 宜提早用药
有机锡类		三唑锡		触杀作用强，速效性强，残效期长	可杀灭若螨、成螨和夏卵，对冬卵无效。
有机硫类		炔螨特	线粒体ATP合成酶抑制剂	具触杀和胃毒作用，无内吸性和渗透传导性。杀螨谱广。20 ℃以上可提高防效，20 ℃以下防效随低温递减	对各螨态均有效。炎热潮湿条件下，高浓度易对幼嫩作物产生药害。对柑、橙新梢、嫩叶和幼果有药害，部分梨、桃品种敏感，高浓度时会使苹果果实上产生绿斑
肟类杀螨剂		哒螨灵、唑螨酯、喹螨醚	线粒体复合物电子传递抑制剂	杀螨谱广，触杀性强，无内吸传导和熏蒸作用，速效性好，持效期长	对多种害螨均有效，卵、幼螨、若螨和成螨兼杀。药效不受温度变化的影响
季酮酸类及其衍生物		螺虫乙酯	乙酰辅酶抑制剂	广谱，触杀，无内吸性	刺吸式口器害虫，如蚜虫、介壳虫、木虱、蓟马等，对成虫无直接杀伤作用
		螺螨酯	乙酰辅酶抑制	杀螨谱广，触杀，无内吸	对各螨态均有效，但杀螨相对较慢，宜早期使用，成螨较多时宜与速效性好的杀螨剂混用

（续）

化学类型名称	药剂通用名	作用机理	作用特点	防控对象及注意事项
双甲脒	双甲脒	章鱼胺受体促进剂	具胃毒、触杀作用，也具熏蒸、拒食和驱避作用	可杀灭若螨、成螨和夏卵，对冬卵无效。 对短果枝金冠苹果有药害
溴螨酯	溴螨酯	作用机理未知	广谱，触杀性强，无内吸性，残效期长	对成螨、若螨和卵有效。 与三氯杀螨醇有交互抗性
联苯肼类	联苯肼酯	作用于螨类的中枢神经传导系统	选择性强，持效期长	对各螨态均有效，具有杀卵活性和对成螨的击倒活性。 对二斑叶螨效果好
乙螨唑	乙螨唑	抑制卵孵化和幼螨蜕皮	速效性强，耐雨水冲刷，持效期长达50天。对环境和天敌安全	对若螨和卵有效，致雌成螨不育，尤其杀卵效果好。与常规杀螨剂无交互抗性。对二斑叶螨效果好

三、安全用药

1. 遵守农药使用有关规定

国家标准《农药合理使用准则》（GB/T 8321），中，对每种已登记的农药产品的通用名、剂型含量、适用作物、防治对象、每亩每次制剂使用量或稀释倍数（有效成分浓度）、施药方法、每季作物最多使用次数、安全间隔期等都进行了规定。《农药管理条例》（中华人民共和国国务院令第677号，2017年）第二十二条“农药标签”应当按照国务院农业主管部门的规定，以中文标注农药的名称、剂型、有效成分及其含量、毒性及其标识、使用范围、使用方法和剂量、使用技术要求和注意事项、生产日期、可追溯电子信息码等内容。剧毒、高毒农药以及使用技术要求严格的其他农药等限制使用农药的标签还应当标注“限制使用”字样，并注明使用的特别限制和特殊要求。使用过程中应遵守农药合理使用准则、农药标签和说明书中相关要求。

2. 树立安全间隔期意识

安全间隔期是指最后一次施用农药距离作物收获所间隔的时间。不同农药品种，安全间隔期不同。国家规定用于食用农产品的农药应在标签上标注安全间隔期，使用时要遵守规定。标签上未标明安全间隔期的，可根据“持效期+7天”来确定。

3. 不使用国家禁限用农药

《农药管理条例》（中华人民共和国国务院令第677号，2017年）第三十四条对农药禁限用方面作出了相关规定：农药使用者应当严格按照农药的标签标注的使用范围、使用方法和剂量、使用技术要求和注意事项使用农药，不得扩大使用范围、加大用药剂量或者改变使用方法。农药使用者不得使用禁用的农药。标签标注安全间隔期的农药，在农产品收获前应当按照安全间隔期的要求停止使用。剧毒、高毒农药不得用于防治卫生害虫，不得用于蔬菜、瓜果、茶叶、菌类、中草药材的生产，不得用于水生植物的病虫害防治。因此，要严格遵守国家农药合理使用准则，绝不使用国家禁限用农药［参考《国家禁止使用的高毒农药名单(41种)》和《国家限制使用的高毒农药名单（48种)》，详见附录1］。同时，随着国家对安全、高效、绿色农业发展的要求，农药管理部门按照农药使用风险评价的指标体系，对现有农药在施用过程中和施用后，其残留对生态环境（土壤、水体、鱼类等)、人体健康（经由饮食、皮肤、呼吸等途径接触）的风险进行评估，未来会有越来越多的高风险农药产品被列为禁限用农药，因而国家禁限用农药名单是动态变化的，要密切注意农业农村部相关公告。

第八节　高效施药技术

苹果树从萌芽到休眠，整个生育期病虫害药剂防治次数少则5次，多则9次。药剂防治除对症用药、科学组合外，还要综合考虑果园立地环境、栽培模式等，高效、精准、规范的施药技术就成为提高农药利用率、有效防控病虫、提高果品质量、减少果园环境污染的重要环节。果园高效、精准、规范施药应做到以下几个方面。

一、选择适宜的施药器械

针对果园立地环境、种植模式、果树树龄等，选择适宜、配套的高效施药器械，做到农机农艺配套。

1. 新型自走式施药器械

各主产区近年发展较快的是矮砧密植果园，地势平坦、连片栽植有一定规模，栽植密度为株距0.8～2米、行距3.5～4米，多是果业专业合作社、现代果业示范园等规模化经营，建园时比较规范，果园多是机械化管理，可根据果园行距选择适宜的果园自走风送式喷雾机（图3-24），或牵引式立杆型喷杆喷雾机等大中型高效施药器械，机械化程度高、操作简单，节药节水，雾化效果好，药液在作物表面附着率高，

图3-24　果园自走风送式喷雾机

作业质量好、效率高，降低劳动强度。施药前，最好用清水试验，根据动力、施药液量确定行走速度，使压力、行走速度与施药液量互相适合。自走风送式喷雾机一般喷雾半径在4米以上，压力均匀，树冠内层都能喷到，雾滴细，覆盖均匀，每亩用药液量为75 ～ 85千克，每小时可作业8 ～ 25亩。5 ～ 7年生的初结果园或行距大于4米的间伐乔化园也可应用此类自走式器械。

2. 以三缸泵为动力的喷枪

目前，我国苹果主产区大部分是20世纪90年代栽植的乔化果园，树形高大，栽植密度为2米×4米、3米×4米、3米×5米，每亩有果树45 ～ 80株。这类果园目前还只能用三缸柱塞泵为动力，但一定要选择有旋水片结构、雾化效果好的高压喷枪，喷头（喷片）直径1毫米，最好是不锈钢材质，厚度1毫米，不可过薄，由国内正规植保机械厂家生产。选择喷枪时要注意，同一压力下，不同喷头的孔径不同，对应的流速、雾滴直径都不同，喷孔小的雾滴细、流速小，喷孔大的雾滴粗、流速大；不同压力下，同一孔径的喷头流速也不同，压力大则流速快。使用时，最好用清水试验，根据动力泵的压力、施药液量确定行走速度，使三者互相适合。同时，要配套质量过关、可承压力好的药带，最好是选择两层橡胶内夹有帆布层的。陕西、山西、山东等省在实施国家“双减”项目时，试验引进了意大利产的hydra喷枪，喷头直径为0.8毫米、1.0毫米、1.2毫米的比较适宜苹果园使用。

新栽5年以下幼园，因用药液量较少，可选用背负式电动、机动喷雾机，调整行进速度，自由控制开关，以植株个体为施药单位喷雾作业。

二、把握适宜施药量

苹果树是多年生园艺作物，就其整个生命周期而言，大致分为幼树期、初果期、盛果期、衰老期。不同时期的树冠大小、枝量多少、叶幕厚度、果实负载量、树体抗性等存在差异，病虫害发生种类、危害程度也有所不同，用以防病治虫的药剂、药械、药液用量也不尽相同，生产中应根据实际情况适当进行调整。总的原则是，田间喷雾时把握喷到叶面湿润欲滴即可，不宜喷雾到淋洗状、药液滴落的程度。幼树、早春刚萌芽的树施药液量少，随树龄增大、叶片长大，施药量适当增加，结果盛期树每亩次施药液量一般掌握在80 ～ 120千克。

幼树期：5年生以下幼树尚未冠枝满园，枝叶量少，叶幕薄。胶东地区在秋季落叶后至翌年春天发芽前的休眠期喷干枝，1年生树10 ～ 12千克/亩，2年生树15 ～ 20千克/亩，3年生树25 ～ 30千克/亩，4年生树35 ～ 40千克/亩；生长季节喷枝叶，1年生树30 ～ 40千克/亩，2年生树40 ～ 50千克/亩，3年生树50 ～ 60千克/亩，4年生树60 ～ 70千克/亩。只要选药科学、配比合理、喷洒均匀，上述药液量即可达到预期防治目标。

初果期：定植后5 ～ 7年为初果期，树冠加大但尚未郁闭，枝叶茂盛但尚未交接，叶幕加厚，通透性下降，防治重点是果实及叶片，并兼顾枝干，喷雾防治的药液用量也相应加大。休眠期喷干枝，5年生树40 ～ 50千克/亩，6年生树50 ～ 60千克/亩，7年生树60 ～ 70千克/亩；生长季节喷枝、叶、果，5年生树60 ～ 70千克/亩，6年生树70 ～ 80千克/亩，7年生树80 ～ 90千克/亩。

盛果期：8年生以后即转入盛果期，树冠体积、枝叶总量、叶幕厚度、树体负载量、病虫防治药液用量基本稳定，若行间作业道仍有空间，宜选用中小型、穿透力强的自走式风送果林喷雾机；若行间交接，可选用小型牵引式风送果林机或柱塞泵式喷杆喷雾机，以整个种植区域为单位施药。生长季节喷枝、叶、果，药液用量为80 ～ 120千克/亩。

三、精准施药

病虫害的预测预报在实现精准化施药过程中起着举足轻重的作用。根据病虫害发生特点和规律，坚持治早、治小的原则。

一是把握关键防治时期。通过调查监测，确定最佳防治时期，借助适宜施药器械，实现快速、精准化施药，如绿盲蝽、叶螨、金纹细蛾等害虫防治的关键时期一般是越冬代和第一代幼虫期，但要精确掌握施药时间，就得依靠田间系统调查监测，预测越冬代或第一代幼虫的发生初期。

二是掌握靶标病虫害发生特点，找准重点针对性施药。害虫越冬代和一代幼虫一般虫口数量小、虫态整齐，抓住这两 个时期开展药剂防治就能压低全年虫口基数，降低中后期防治压力，能取得事半功倍的效果，可以有效提高防治效果。褐斑病、山楂叶螨初发生时，零星病叶、害螨集中在果树内膛，施药时就要保证内膛叶片着药。白粉病菌、蚜虫多在新梢危害，危害时期与果树春、秋梢生长期吻合，喷施重点就要保证新梢着药。叶螨多集中在叶背危害，施药时就要保证叶背充分着药。

三是掌握药剂作用特点。如大多数杀虫杀螨剂只有触杀性，施药时一定要细致周到。

四、规范施药

施药前，根据标签推荐用量准确量取，不能随意加大或减少用量。配制药液，先水后药，二次稀释，如果有两种以上药剂混用时，要注意混配顺序，一般是可湿性粉剂、悬浮剂、水剂、乳油依次加入，每加入一种即充分搅拌混匀，然后再加入下一种，即混即用。根据施药液量、施药器械或喷枪的出水量确定喷药时的行走速度。施药时喷幅应对接精确，避免重喷、漏喷。

苹果绿色防控技术集成模式

第一节　绿色防控技术集成的基本原则
第二节　苹果绿色防控技术集成的主要模式
第三节　苹果病虫害绿色防控减量增效综合技术集成模式

第一节　绿色防控技术集成的基本原则

技术集成是指按照一定的技术原理和功能目的，将两个或两个以上的单项技术通过组合而获得具有统一整体功能的新技术的方法，通过集成可以实现单个技术实现不了的技术需求目的。绿色防控技术集成，就是为达到绿色高效的病虫防控目标所采取的多种绿色防控单项技术的科学组合、合理搭配，以形成标准化的特定技术模式。

绿色防控技术集成以生态系统理论为基础。农业生态系统是一个不稳定的生态系统，它由农作物、病虫害病原等生物和它们所处的环境条件等共同组成了农业生态系统。由于农作物病虫害种类多，发生情况复杂，具有明显的区域性、多样性和叠加性特点，在不同地区同一作物上有不同的病虫害，在相同地区不同作物上有不同病虫害，在同一时间或作物生长阶段可以同时发生多种病虫害，因此，要保证作物健康生长，不受这些病虫害的影响，就需要集成多项技术。苹果是多年生作物，特别是老的乔化果园，生态小环境通风透光性较差，病虫害发生种类多、程度重，需要多种植保技术才能有效防控全生育期各种病虫害。

绿色防控技术集成以生产需要为目的。在农业生产中，作物生产的目的是给广大人民群众提供优质农产品，满足人民日益增长的对质优、价廉、种类丰富的农产品需要的。要达到这一目的，就要采用绿色集成技术模式，尽量减少对化学农药的依赖和过度使用。苹果是北方主要的水果之一，苹果生产过程中少用农药，苹果产品的质量安全保证需要绿色防控技术的集成应用。

绿色防控技术集成是技术进步的结果。绿色防控是环境友好、技术先进的植保技术的集合体。现在加强绿色防控技术的应用，是因为与过去相比我们的多种绿色防控技术更加成熟，多种植保机械产品更加丰富，我们可以在较大程度上不受技术的限制地采用新技术，达到病虫害防治的目的。苹果病虫害的绿色防控技术集成，是随着果园的矮化密植栽培、水肥一体化管理、果园蜜蜂授粉等技术的进步，以及高效施药机械的逐步采用应运而生的。

绿色防控技术集成也是农业现代化的要求。农业现代化包括农业生产的物质条件和技术的现代化，利用先进的科学技术和生产要素装备农业，实现农业生产机械化、电气化、信息化、生物化和化学化，以及农业组织管理的现代化。这些都要求绿色防控技术的模式化、标准化，特别是植保的专业化的发展，无论是病虫害防治本身，还是专业化防治的组织管理，都对绿色防控技术提出了标准化的要求。

一、绿色防控技术集成的原则

在生产实践中，进行绿色防控技术集成，需要遵循以下原则：

1. 经济有效原则

无论是化学防控还是绿色防控，首先要遵循收益大于等于投入的原则。苹果是经济作物，果农一般在果树病虫害防治上投入的积极性比较高，有时为了保证有个好收成，使苹果外观商品性好，就增加用药次数或用量，不算"经济账"，或仅从短期考虑，从长远看不符合"经济有效"原则。

2. 生态环保原则

"农业绿色发展，减少面源污染，提高农药等投入品利用率"不仅是苹果病虫害防治，也是整个苹果生产要遵循的原则。从生产安全的需要看，在苹果病虫害防治时，为了生产过程的安全、生产产品的安全和果园生态系统平衡的需要，在集成技术时要考虑生态系统构成，特别是要整体考虑，强调系统平衡，强化自我调节，充分发挥生态系统的自身功能，达到环保节约的目标。

3. 时空接续原则

因为苹果的多年生特点和季节的周年变化，在不同生育期、不同季节有不同的主要病虫害，这些病虫害的连续发生要求防治技术在时空上能接续上。绿色防控的各单项技术如农业防治、物理防治、生物防治和科学用药等要根据时间和空间序列进行组合，才能满足全生育期病虫害防治的需要。

4. 轻简化原则

技术集成的目的是为了推广应用，可推广的技术一定是比较简便易用的。随着老果园的改造、新的矮化果园的建成，为病虫害防治技术的轻简化提供了可能，高效、机械化的操作对病虫害防治技术的集成提出了简单化、标准化的要求，农村劳动力的短缺，使高强度、较复杂、人工密集的技术很难推广。因此，轻简化原则也是顺应苹果生产现代化、规模化要求的产物。

5. 标准化原则

技术集成的成果是适应特定条件的技术模式。农业的地域性很强，但一种模式可否大范围推广就要看是不是具备标准化的水平。标准化和针对性存在一定矛盾，技术集成在满足针对性的基础上，要尽可能实现标准化。技术集成的标准化原则就是要求在集成技术模式时，以解决主要问题为出发点，以遵循上述4个原则为约束条件，以提高技术集成模式的标准化程度为目标，实现病虫害绿色防控技术的科学集成。标准化是技术集成水平的标尺，也是技术集成的最高要求。

二、绿色防控技术集成的方法步骤

进行绿色防控技术的集成，不仅要坚持集成原则，还要掌握方法。绿色防控技术集成的方法简单讲，就是要有明确的目的，针对主要的对象，采用优化的技术，形成整套的技术模式，通过试验验证，在生产上推广应用。

1. 确定主要区域

农业是有区域性的，不同区域同一作物上的主要防治对象是不一样的，同一防治对象在不同地区的同一作物上的发生规律也是有区别的。所以，集成技术模式的应用区域是要明确说明的。

2. 明确主要对象

病虫害种类繁多，据统计，我国农业病虫害有1 700余种，以苹果为例，主要病虫害也有110多种，但在我国主要苹果产区，如在我国黄土高原苹果产区，发生面积超过500万亩的主要病虫害仅有“五病五虫”，即腐烂病、轮纹病、褐斑病、白粉病、斑点落叶病和黄蚜、金纹细蛾、桃（梨）小食心虫、叶螨、苹小卷叶蛾。

3. 掌握发生规律

明确了主要防治对象后，针对主要病虫害的生活史、发生规律，通过认真分析，找出其最关键和薄弱的环节作为突破点，为选用相应的绿色防控技术措施提供参考。针对苹果病虫害，在不同区域，主要病虫害有所区别，如在环渤海湾产区轮纹病是主要病害，而在黄土高原产区腐烂病是最常发的重要病害。

4. 优化关键技术

同一个靶标可以有多种防治技术，怎么优化，既要考虑防效，也要考虑经济性和其他技术的协调性等。苹果作为一种鲜食为主的作物，为了技术更绿色、更环保，我们就要在有多种技术选择时尽量选用非化学技术防治，在药剂防治上，要尽量选用生物农药，如植物源杀虫剂等。

5. 集成配套技术

在针对每个主要对象的优化关键技术找到以后，还不能说就完成了技术的集成，还要把整个作物全生育期的各个环节、不同病虫害防治的技术措施进行通盘考虑，形成全程解决方案，这个方案要达到经济有效、生态环保的目标。

6. 试验示范推广

当全程的、集成的技术方案做出来以后，不仅要进行认真的优化和通盘的考虑，更重要的是通过试验，完善和验证技术的可行性。通过小面积试验确认可行后，才能通过示范，展示技术集成的效果，在更大面积、更大范围内推广应用。

第二节　苹果绿色防控技术集成的主要模式

因不同地区、不同果园、不同栽植方式、不同管理方式、不同经营主体和不同的经济目标，形成了以靶标、作物、产品、技术和区域为主线的不同的苹果绿色防控技术集成模式。

一、以靶标为主线的技术模式

苹果是多年生经济作物，具有病虫害种类多、发生重等特点。据统计，近年全国病虫害发生面积在500万亩以上，造成较重损失的主要有腐烂病、轮纹病、褐斑病、白粉病、斑点落叶病和黄蚜、金纹细蛾、桃（梨）小食心虫、叶螨、苹小卷叶蛾等10多种。随着我国农作物病虫害绿色防控技术的不断进步和大范围推广，在多年试验示范的基础上，通过理化诱控、免疫诱抗、生物防治、生态控制和科学用药等绿色防控关键技术集成，形成了针对靶标的绿色防控技术模式。以苹果树腐烂病为例：

苹果树腐烂病是发生分布最广、发生面积最大、制约苹果产业发展的主要病害之一。据2016年全国统计，该病发生面积为1 500多万亩，占种植面积的1/3，造成苹果潜在损失达100多万吨。各地在病害的防治中不断总结经验，以贯彻“预防为主，综合防治”为总原则，应用“毁残体、防入侵、阻扩展”的防病新策略，建立以压低菌源基数和提高树体抗病力为基础、以预防病菌入侵为重点的综合高效防治技术模式。

1. 技术要点

（1）科学施肥、灌水。均衡施肥，秋季增施有机肥，春夏季合理追施速效化肥。秋季苹果树落叶前1个月（8月下旬至9月）施基肥，以有机肥为主，应遵循“斤果斤肥或斤果斤半肥”的原则，一般亩施充分腐熟的有机肥3 000 ～ 5 000千克或腐殖酸、生物有机肥240 ～ 300千克，并根据土壤肥力和产量水平适当减氮增磷、钾补微肥。将氮、磷、钾肥和需要补充的硼、锌、铁等微肥加入有机肥中，混匀后采取穴施或条施法，施入树盘周围30 ～ 40厘米深的土壤中；在苹果萌芽期、果实膨大期和花芽分化期等时期追施或喷施氮、磷、钾肥或微肥，前期以氮肥为主，中后期以磷、钾肥为主。有条件的果园喷2 ～ 3次沼液。

根据降水和土壤墒情，适时排灌，春灌秋控，并积极推广喷灌、滴灌、小沟灌溉等节水灌溉措施，尽量减少大水漫灌。

(2) 合理负载。根据树势、树龄、土壤肥力、施肥水平等条件，合理疏花疏果，调整树体负载量。一般采取疏除花序、定单果的方法，减少树体养分消耗，合理留果。一般按照每20 ~ 25厘米留1个下垂果，亩留果量不超过12 000个。避免因负载过量而形成大小年现象。

(3) 树干涂白。在冬季土壤封冻（约11月中下旬）前，轻刮树干老翘皮并彻底刮除腐烂病斑后对树主干和主枝基部进行涂白。涂白剂的配方为生石灰：20波美度的石硫合剂：食盐：清水 = 6：1：1：10，或按水：生石灰：硫黄粉：食盐：动植物油 = 10：3：0.5：0.5：0.05的比例进行配制涂抹，预防冻害，减轻病害发生。

(4) 保护伤口。科学合理整形和修剪，尽量避免大拉大砍和环割环剥。尽量减少各种伤口，如冻伤、虫伤、病伤等。剪口和锯口是苹果树腐烂病发生的主要部位。对修剪造成的伤口以及上年没有愈合的剪锯口、虫伤口，可及时选用甲基硫菌灵糊剂和甲硫·萘乙酸膏剂等药剂涂抹进行保护，或用废旧膜袋、报纸等进行粘贴保护（图4-1、图4-2）。

图4-1　药剂涂干

图4-2　剪锯口保护

（5）清除侵染源。及时剪除病枯枝、刮除老翘皮、刮治病斑等，修剪下的枝残体、病残体应及时清运远离果园，或集中堆放在园内外覆盖薄膜，或早春喷2次杀菌剂防止病菌滋生和传播。

（6）诱导果树抗病性。由于在无病症枝条上腐烂病菌的带菌率高，肥水充足的果园在开花前、幼果期叶面喷施氨基寡糖素等免疫诱抗剂各1次，提升树体对潜伏病菌的抵抗力。

（7）药剂防治。在苹果树腐烂病防治上，预防性药剂防治和病斑刮治涂药是较为有效和常用的方法。

①树干涂药。早春萌芽至幼果期是病菌孢子传播高峰期，选择具治疗作用的广谱性杀菌剂，如吡唑醚菌酯、戊唑醇、甲基硫菌灵等，涂刷果树主干和大枝基部2次，间隔10 ～ 15天，预防生长期病菌侵染和表面溃疡的形成。涂药前刮除树体粗老翘皮，效果更好。

②树体喷药。苹果采收后结合药剂清园，全树喷施1次治疗性杀菌剂，如吡唑醚菌酯、苯醚甲环唑、戊唑醇等。注意喷药时要求喷细、喷匀，树体的任一部位包括树主干、树枝、枝杈处等重点部位必须充分着药，使树体达到淋洗状。生长期做好褐斑病、斑点落叶病、白粉病及叶螨、金纹细蛾等病虫害的防治，以防削弱树势。

③病斑刮治。果树整个生长周期随发现病斑随刮治，病斑越小越容易治愈。春季苹果树萌芽期（3月）是上年秋季病斑发展到后期的一个高峰，病斑多已深入木质部；苹果采收后（10月下旬至11月上旬）是当年新发病斑高峰，病斑仅限于表皮。刮除病变组织后进行涂药防治，并将刮除的组织带出园外集中烧毁。对已发病至木质部的病斑，刮成椭圆形或梭形，根据茎的粗度，要求刮面超出病斑病健交界处，横向刮超1厘米，纵向刮超3厘米，立茬，光滑，以利于病部愈合和雨水流出；对发病仅在表皮的病斑，刮除变色的韧皮组织即可。然后选用甲基硫菌灵糊（膏）剂、甲硫萘乙酸糊剂或辛菌胺醋酸等药剂连续涂抹2 ～ 3次，间隔

10 ~ 15天，药液涂抹范围要大出刮治范围2 ~ 3厘米。

对主干上病斑多而有较大病疤的果树桥接复壮，充分利用病疤下部萌蘖枝进行桥接以保障养分的正常输送。无萌蘖枝的可采用单枝或多枝桥接，以利输导养分，促进树势恢复，方法是：取1年生嫩枝做接穗，两端削成马蹄形，再在病斑上下的树皮上划T形，而后将接穗两端插入切口皮下，用小钉钉牢，涂蜡或糊泥并包塑料薄膜；如果伤疤在主干上而且树基部有合适的萌蘖条时，可将萌蘖条的上端接在病斑上的好皮上。根据病斑的大小，1个疤上可接数根至十数根；如果树上病疤较大，又没有适宜的萌蘖条、接穗可用，也可在树周围栽植苗木，成活后再嫁接到树干上，苗木根部吸收营养，供应大树需要，能明显增强树势。

2. 技术模式图

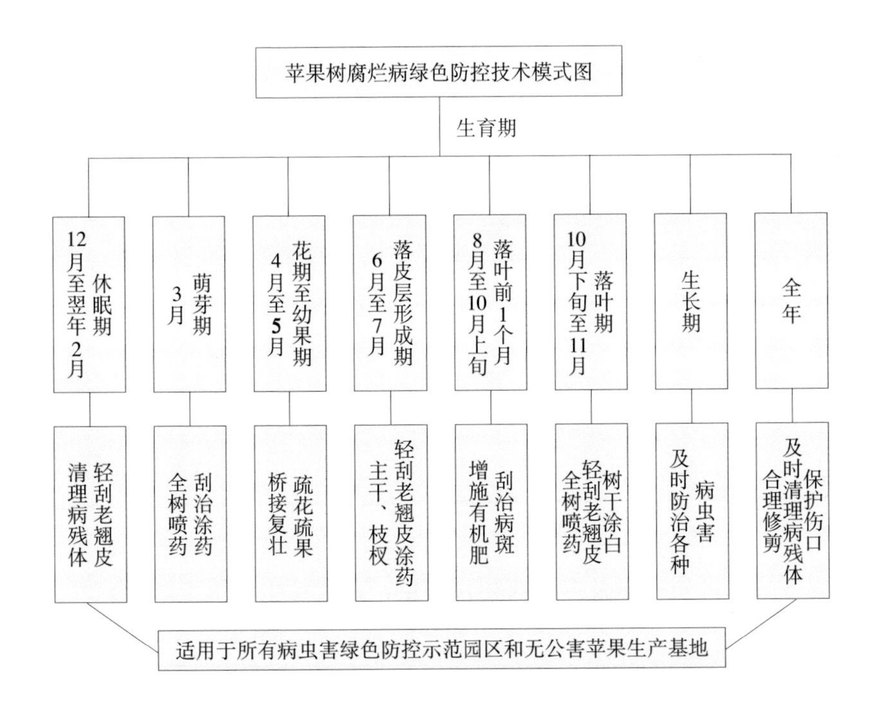

二、以绿色产品为主线的技术模式

果农生产苹果的目的主要是供应广大消费者，是商品性生产。把苹果作为商品就有商品的要求，我们从植保的角度看，就是要使苹果达到无公害或绿色食品标准，所采取的技术模式就是以产品为主线的绿色防控技术模式。以山东省《绿色食品　苹果生产技术规程》（DB37/T 1288—2009）为例，其关键是化学农药的使用要符合绿色食品的要求，病虫害防控的绿色植保措施要点是：

1. 防治原则

综合防治为主，化学防治为辅，提倡农业防治、物理防治、生物防治等措施，农药防治要符合绿色食品农药使用的相关要求。

2. 农业防治

休眠期及时清园，剪除病虫枝和僵果，清除枯枝落叶，刮除粗翘裂皮，带出园外深埋；生长季节及时清理落地病虫枝、叶、果，集中深埋，消除病虫害传播源。

3. 生物防治

改善果园生态环境，保护和利用瓢虫、寄生蜂、蜘蛛、捕食螨等天敌防治害虫，如使用性诱剂防治金纹细蛾、用迷向丝等防治梨小食心虫等。每亩可放置3～5个性诱捕器。

4. 物理防治

利用杀虫灯、糖醋液、粘虫板、草把等诱杀害虫。杀虫灯每20 000～30 000米^{2}放置1个，放置于果园路边，高度应高于树冠0.3米；用白酒、红糖、醋、水按1∶1∶4∶16混合配制成糖醋液悬挂到果园内或边上防治如梨大（小）食心虫、金龟子、卷叶虫等。黄色粘虫板主要用于防治烟粉虱、白粉虱、潜叶蝇、蚜虫、梨茎蜂、黑翅粉虱及多种双翅目害虫；蓝色粘虫板用于防治蓟马、叶蝉等。粘虫板应在害虫发生初期悬挂防治。树干束草或捆绑麻袋、碎布等编织物用于诱集害虫，定期检查并销毁。每年春季树干扎塑膜胶带或涂粘虫胶，防治害虫。

5. 化学防治

苹果病害包括枝干病害、叶部病害和果实病害，主要虫害有苹果黄蚜、苹果瘤蚜、山楂叶螨、苹果叶螨、二斑叶螨和食心虫，推荐用药及使用方法详见表4-1。

表4-1 苹果绿色生产中化学防治用药推荐表

防治对象	防治时期	农药名称	使用剂量	施药方法	安全间隔期／天
腐烂病、轮纹病	发芽前	石硫合剂	5波美度	喷雾	15
斑点落叶病	谢花后7天	10%多抗霉素可湿性粉剂	1 200倍液	喷雾	7
轮纹病、斑点落叶病	套袋后	80%波尔多液可湿性粉剂	1 000倍液	喷雾	15
苹果黄蚜、苹果瘤蚜	5～6月发生期	10%吡虫啉可湿性粉剂	3 000倍液	喷雾	15
山楂叶螨、苹果叶螨、二斑叶螨	7～8月	5%噻螨酮乳油	2 000倍液	喷雾	30
食心虫	苹果膨大期	4.5%高效氯氰菊酯乳油	2 000倍液	喷雾	25

注：农药使用以相关规定的最新版本为准。

三、以作物为主线的技术模式

以保障苹果树健康生长为主线，以促进苹果优质生产为目的，根据不同生育期病虫害的发生消长规律，采取综合防控措施组装而成的绿色防控技术模式，称为以作物为主线的绿色防控技术模式。尽管主要介绍的是病虫害防治的措施，但在生产中还要综合考虑所有能促进苹果树健康生长的各种栽培、肥水等管理措施。对此，《苹果生产技术规程》（NT/Y 441—2013）有详细的规定，核心是综合防治，重点是以作物为中心。其中病虫害防控要点如下：

1. 综合防治策略

以农业防治为基础，以生物防治、物理防治为核心，合理使用化学防治技术，经济、安全、有效地控制病虫害。

2. 农业防治

采取剪除病虫枝、清除枯枝落叶、刮除树干翘裂皮、翻树盘、地面秸秆覆盖、科学施肥等措施抑制病虫害发生。

3. 生物防治

充分利用寄生性、捕食性天敌昆虫及病原微生物，控制害虫种群密度，将其种群数量控制在危害水平以下。在苹果园内增添天敌食料，设置天敌隐蔽和越冬场所，招引周围天敌。饲养、释放天敌，补充和恢复天敌种群。限制有机合成农药的使用，减少对天敌的伤害。

4. 物理防治

在树干上捆扎束草、破布、废报纸、集虫板等，入冬前树干涂白兼治枝干病虫害。

5. 化学防治

根据国家法律法规及相关要求选择农药种类，根据病虫害的发生情况，按《农药合理使用准则》（GB/T 8321）的规定用药。

四、以生境调控为主线的技术模式

以果园生态环境为单元，应用景观生态学原理，通过创造有利于天敌繁殖而不利于苹果病虫害生存的环境条件，从而达到控害保益目的的绿色防控技术模式，称为以生境调控为主线的绿色防控技术模式。本模式与以作物为主线的技术模式最大的区别在于不仅考虑苹果树本身，更注重苹果园区生物的多样性和生态的平衡性，是更大尺度上的绿色防控，可以是一个果园，也可以是一个生产基地相邻的多个果园，还可以是在一个区域内的一个苹果生产经营单位范围的所有果园。从生态学角度上看，生态措施尺度越大效果越好，如有机苹果生产单位，其认证的基地范围内都应是统一的病虫害综合管理模式，对产地环境、生产技术、污染控制、水土保持等病虫管理体系等方面都有相应的要求。如《北京市有机苹果生产技术规范》中对病虫害防治的要点是：

1. 果园环境

苹果园周围不得种植桧柏，不得与梨、桃、核桃等其他果树混栽。在果树休眠期彻底清洁田园，废弃物清除到园外，进行深埋或堆肥处理。

2. 果树管理

发芽前，刮除枝干的翘裂皮、老皮，清除枯枝落叶，减少越冬病虫源基数。开花时，疏花疏果，合理负载，保持树势健壮。夏季修剪，清除病虫枝或摘除病虫叶。

3. 肥水管理

合理施用有机肥，严格控制氮肥施用量，抑制植食螨、蚜虫等害虫的繁殖，同时减轻苹果白粉病、轮纹病等病害的发生。增施矿质肥料，增强树体抗病能力。

4. 物理防治

采取灯光诱杀、糖醋液诱集和诱虫带诱杀等措施，防治卷叶蛾、金龟子等害虫。一般每15 ～ 20亩放1盏杀虫灯和60个糖醋液瓶。

5. 生物防治

通过果园生草和保留自然有益杂草，增殖和吸引自然界的瓢虫、小花蝽、草蛉和捕食螨等天敌，控制蚜虫、螨类和鳞翅目害虫等，必要时人工释放天敌。防治鳞翅目害虫时，每亩人工释放2 000 ～ 3 000头赤眼蜂，防治山楂叶螨和苹果全爪螨，每株苹果树释放300头捕食螨。

6. 化学防治

采用除虫菊、苦参碱等提取物防治苹果瘤蚜和绣线菊蚜；采用除虫菊素、植物油乳化剂、软钾皂等防治金纹细蛾；采用硫制剂防治苹果害螨；采用除虫菊和苦参碱等提取物防治茶翅蝽；采用氨基酸铜、氨基酸钙等预防和控制轮纹病；采用石硫合剂或氨基酸铜涂抹腐烂病刮治后的病斑；或者使用有机食品标准规定的其他药剂进行防治。

五、以保护蜜蜂、增产提质为主线的技术模式

在上述绿色防控技术的基础上，增加保护蜜蜂和利用蜜蜂授粉（图4-3）的技术，集成了以保护蜜蜂、增产提质为主线的绿色防控技术模式。苹果生育期的技术要点如下：

图4-3　蜜蜂授粉

1. 休眠期

12月至翌年3月上旬，采取合理修剪、清洁果园、保护伤口等农业防治措施，以降低果园越冬病虫源基数、增强树势。

2. 萌芽至开花前

3月至4月上旬，采取果园生草、刮治病斑、安装杀虫灯、放置性诱捕装置、悬挂糖醋液瓶、释放捕食螨进行理化诱控和生物防治，降低早春果园病虫基数。全园施药控制金龟子、卷叶蛾、尺蛾、叶螨等多种害虫时，不得使用对蜜蜂高毒的氟硅唑、阿维菌素、甲氨基阿维菌素苯甲酸盐、氯氟氢菊酯、甲氰菊酯、新烟

碱类（如吡虫啉、噻虫嗪等）药剂等。

3. 花期

果树开花5%～10%时，蜜蜂进场。花期果园及周围3千米范围内不得施用农药。

4. 落花后至套袋

4月下旬至6月中旬，在继续做好理化诱控的基础上，重点做好套袋前药剂预防及果实套袋工作。

5. 套袋后至果实膨大期

6月中旬至8月中旬，药剂预防早期落叶病、枝干病害及叶螨、金纹细蛾、苹小卷叶蛾等病虫害。

6. 秋梢停长期

8月下旬至9月上旬，采取秋施基肥、地面覆草、捆绑诱虫带等农业、物理防控措施。

7. 果实着色、采收期

9月中下旬至10月下旬，通过科学施用药剂，预防枝干、果实病虫害。

8. 采收后至落叶期

11月中下旬，采取全园喷药、清洁果园、深翻土壤、枝干涂白、浇封冻水等措施，提高树体抗逆性，降低越冬病虫源基数。

第三节　苹果病虫害绿色防控减量增效综合技术集成模式

2015年，农业部启动了到2020年化肥农药减量使用行动，科技部启动了化肥农药减施增效国家重点研发项目，全面推进农业绿色发展。苹果化肥农药减量增效技术的研究与示范也在各苹果主产区开展，为突出“控、替、精、统”农药减量措施，各地集成了以减药为核心的技术模式。

一、山西省临猗县苹果农药减施增效技术模式

（一）区域特点及存在的问题

山西省临猗县苹果产区病虫害发生较重，果园用药较多，农药使用日趋频繁；果园生境单一，植被相对缺乏，田间自然天敌种类和数量偏少；果农用药水平较低，农药对蜂群的伤害大；果农素质有待提高，果树病虫害绿色防控技术水平有待提升。

（二）集成技术及技术要点

山西省临猗县苹果农药减施增效技术模式为：农业措施（清洁果园＋水肥技术＋生态调控＋合理修剪＋果园间伐＋疏花疏果）＋物理诱杀（杀虫灯诱杀＋性诱剂诱杀＋黄板诱杀＋诱虫带诱杀）＋生物防治（蜜蜂授粉＋以螨治螨＋生物农药）＋科学防治等防控技术加以集成和配套。

1. 农业措施

通过农业措施的实施，提高土壤有机质含量，增强树体抗病虫害的能力，压低果园病虫基数，达到减少亩用药量的目的。

（1）农业控制技术。

①清洁果园，加强田间管理。冬季结合果园管理，剪除病虫枝，刮除树干老翘皮、粗皮及病斑，彻底清洁果园内枯枝、落叶、杂草、病僵果并集中烧毁，减少越冬病虫源。

②树干涂白。早春对果树的主干和主枝基部进行涂白。重点涂抹幼树、树冠不完整的大树、病树，以及树干的南面及枝杈向阳处。

（2）水肥运筹技术。

①灌水技术。根据苹果树需水特点及自然降水情况，保证“四水”：春季萌芽展叶期适量浇水，春梢迅速生长期足量浇水，果实迅速膨大期看墒用水，秋后冬前保证越冬水。

②施肥技术。秋施基肥，以有机肥为主（100千克果施优质农

家肥150 ~ 200千克或优质腐殖酸5 ~ 10千克），化肥为辅，配少量微肥；追好萌芽前、花芽分化及果实膨大期、果实生长后期3次肥，合理补钙，自花后7 ~ 10天开始至套袋前，给果实补钙2 ~ 3次，酌情补充铁、锌、硼肥等微量元素。

（3）生态调控技术。

①果园种草。4月上中旬在果园内种植白花三叶草、紫花苜蓿等作为绿肥。

②自然生草。根据果园实际情况，对果园杂草进行刈割。

③果园覆盖。春季果树发芽前和雨季到来前，将小麦、玉米等作物的秸秆覆盖到果树树盘和行间。

④合理修剪，改善通风透光条件。根据果园实际情况，对于树体密闭、结果枝老化的果园，以枝条更新复壮为主；大小年严重的果园，以减少果树枝条数、增强树势为主，通过控制果园通风透光条件，提高树体抵抗病虫害的能力。

⑤果园间伐。在果树休眠期实施果树间伐作业，降低亩株数，将亩株数由原来的80 ~ 100棵减少到40棵左右，通过果树间伐，有效控制亩株数，减少亩用药液量。

⑥疏花疏果。严格按照树龄及枝干比，每15 ~ 20厘米留1个苹果，初结果树亩产控制在1 500千克左右，盛果期树亩产控制在2 500 ~ 3 000千克，确保果树合理负载，减轻大小年现象，保持树势稳健，提高抗病能力。

2. 物理诱杀

在果园内采取悬挂杀虫灯、性诱剂、黄板，果实套袋，捆绑诱虫带等措施，来压低虫源基数，减少防治次数，实现农药减量使用的目的。

（1）频振式杀虫灯诱杀。在果园悬挂频振式杀虫灯或者安装太阳能杀虫灯，诱杀金龟子、苹小卷叶蛾、天蛾、毒蛾等害虫。杀虫灯的设置结合地形实际，每盏灯控制面积在30亩左右，呈梅花形排列；悬挂高度根据果树的实际高度而定，一般悬挂在树体高度的2/3处（1.8 ~ 2.4米），每盏灯的灯间距结合果树布局控制在100 ～ 120米。

①开关灯时间。利用光控开关进行自动控制，或利用人工在每晚8时开灯、翌日早6时关灯。

②悬挂时间。悬挂时间从4月上旬至9月下旬。

③杀虫灯清扫。每周彻底清扫1次灯箱，擦灯管1次。

(2) 性诱剂诱杀。结合果园主要虫害，如利用金纹细蛾、苹小卷叶蛾、桃小食心虫性信息素诱杀金纹细蛾、苹小卷叶蛾、桃小食心虫的雄虫，每亩果园放置性诱捕器3 ～ 5个，呈梅花形排列，减少害虫成虫的交配机会，减少有效卵量。

①摆放高度及间距。诱芯悬挂高度为距离地面1.2米处，间距为15米。

②摆放时间。金纹细蛾和苹小卷叶蛾性诱芯悬挂时间为4月上旬至9月上旬，桃小食心虫性诱芯悬挂时间为5月中旬至8月中旬。

③诱芯更换时间。每个月更换诱芯1次。

④其他事项。每3天清理1次虫尸，并及时加水。

(3) 黄板诱杀。悬挂黄板防治苹果黄蚜等害虫，于4月下旬开始，至6月中旬结束，每个亩用35 ～ 40张。

①更换时间。每个月更换1次。

②注意事项。悬挂时间应避开蜜蜂授粉时间。

(4) 果实套袋保护。时间从5月中下旬开始，以膜袋为主，同时推广膜袋+纸袋的双套袋技术。选择无静电、抗老化、透气良好的膜袋和高质量的纸袋。按照“先上部、后下部，先内膛、后外围”的顺序，晴天无风露水干后到傍晚都可进行，尽量避开温度较高、太阳光较强的时段，以免灼伤果面。

(5) 诱虫带诱杀。捆绑时间为10月下旬，在翌年“惊蛰”前将诱虫带解下集中烧毁。

3. 生物防治

利用有益生物及其天然的代谢产物防治果树病虫害，通过蜜蜂授粉、以螨治螨技术的应用和生物农药的替代推广，实现农药减量使用的目的。

（1）蜜蜂授粉。选择适宜苹果授粉的意大利蜜蜂蜂种。在苹果开花10%之前入场，每3 ～ 5 亩1箱，蜂群势10脾以上，授粉蜂群以50 ～ 100箱为1组，均匀摆放。摆放时，巢门背风向阳，选择单箱排列、多箱排列、圆形或U形排列，可视场地面积和地形，位于中央或田地一边。

放蜂期间，保证蜂群具有干净充足的水源；注意及时采收蜂蜜和花粉，提高蜜蜂访花的积极性。蜜蜂授粉时，蜂场半径3千米内禁止施药。放蜂时间一般持续10 ～ 15天，苹果落花后蜂群离场。

（2）以螨治螨。在5月中下旬用药结束15天后，螨量基数控制在平均每叶2头以下时，选择傍晚或者阴天开始悬挂捕食螨袋，悬挂时在袋体1/3处剪口，用图钉固定于树杈背阴处，袋口紧靠树体，每棵树悬挂1袋。放螨后，每半个月调查1次虫口密度，及时采取防治措施。

（3）生物农药替代。在生长过程中，在物理措施控制不了的情况下，选择高效、低毒、持效期长的生物农药，如阿维菌素、苦参碱等，达到农药减量使用的目的。

主要是使用生物药剂来防治各种病虫害，用甲氨基阿维菌素苯甲酸盐、阿维菌素、灭幼脲3号防治苹小卷叶蛾、红蜘蛛、金纹细蛾、桃小食心虫等害虫；利用申嗪霉素、多抗霉素防治苹果斑点落叶病，用寡雄腐霉、春雷霉素防治苹果树腐烂病等。

4. 科学防治

通过科学选用植保器械、开展统防统治、新农药试验示范和科学用药技术，有目的地针对病虫害开展防治，实施精准施药，提高农药利用率，实现农药减量使用的目的。

（1）选用先进植保施药器械。通过静电喷枪的使用，使得亩用药液量由原来的250千克降低到150 ～ 200千克。用低压高雾化装置并通过静电发生器产生静电电场力，高效、快速地将药液均匀喷雾于作物表面，增加药液雾化程度和细度，提高农药使用率，达到农药减量使用的目的。

（2）统防统治技术。在果园内开展统一施药技术，在测报调查基础上，提出合理的用药方案，有目的地开展病虫害防治工作，以提高病虫害防治效果，达到农药减量使用的目的。主要尝试采用统一组织、统一调查、统一时间、统一技术、统一喷药“五统一”，大幅提高病虫害专业化防控效果。

（3）药剂试验示范技术。针对农民关心的枝干病害、根部病害、叶部病害开展一系列药剂试验示范。

（4）科学用药技术。对果园重要的标靶病虫，有针对性地选择苦参碱、灭幼脲、枯草芽孢杆菌等生物源农药适时开展防治，病虫害达到防治指标后优选螺螨酯、噻虫嗪、代森锰锌、吡唑醚菌酯等高效低毒化学药剂进行精准施药，采取农药中加入助剂激健的方法，提高农药利用率，降低农药使用量。注意轮换用药，严格执行农药安全间隔期。避免盲目施药、重复施药。

5.其他配套技术

（1）测报技术。建立病虫害系统观测点，确定专人按照果树病虫害测报调查规范对果树病虫害发生动态进行观察记载。选择1盏具有代表性的频振式杀虫灯并固定3个诱盆，由专人观测并分类记载所诱杀的害虫。根据系统观测资料，结合田间调查结果、气象因素等对主要病虫害发生趋势做出预报，指导示范区防治工作的开展。

（2）素质提升技术。为确保防控技术落实到位，分别在果树各生育期对示范区果农进行病虫防治培训，发放图谱及技术资料，提高他们对示范技术的认识和掌握程度，培训到户率应达到90%以上。

（三）技术效果

通过农业、物理、生物和化学等综合配套技术的应用，果园内绿色防控措施到位率达到80%以上，防控效果达95%以上，病虫害危害率控制在5%以内，减少化学农药使用35%以上，提高农药有效利用率约12%，平均增产3%以上。苹果产量和优质率明显提高，果品农药残留量100%达到无公害农产品标准。

（四）适宜地区

山西省临猗县苹果产区。

（五）注意事项

根据不同果园实际，可对集成技术中的单项进行适当增减。

二、陕西省洛川县苹果农药减施增效技术模式

（一）区域特点及存在的问题

陕西省苹果项目示范区内，苹果树腐烂病、早期落叶病、白粉病及金纹细蛾、蚜虫、叶螨等病虫害普遍发生；农机农艺不配套，果园施药器械落后，果农采用淋洗式喷雾，致使常规防治用药量大，易造成生态环境污染。

（二）集成技术及技术要点

1. 农业健身栽培

落实科学肥水管理、合理负载、规范树形等措施，培养健壮树势，抑制害螨发生。根据果树生育期分阶段、均衡施肥，秋季全园施足基肥，萌芽期以根施氮肥为主、磷肥为辅；春夏季追施速效化肥。疏花疏果，合理负载。合理修剪，规范整理树形，及时保护剪锯口。苹果采收后，及时落实“剪除病虫枝梢、刮除病斑、树干涂白、清扫果园、深翻土壤”技术。

2. 生态调控

果园蓄草或果树行间种植白花三叶草，于春季4月中旬至5月中旬或秋季8月中旬至9月中旬撒播，用种量为0.5 ～ 0.75千克/亩，改善果园生态小环境，为瓢虫、草蛉等自然天敌的生存和增殖提供有利条件，抑制病虫害发生。

3. 免疫诱抗

分别于苹果树开花前、幼果期和果实膨大期，选用氨基寡糖素或赤·吲乙·芸薹等免疫诱导剂，按推荐用量，叶面喷雾1次，达到预防倒春寒、保花保果、促进生长的目的。田间施用时可与药剂组合混用后1次喷施。

4. 物理诱杀

（1）设置杀虫灯。金龟子发生重的果园，于果树开花前，按照每20 ～ 30亩1台灯的间距，在果园外围安装杀虫灯，于害虫成虫初发生期开始傍晚开灯，发生末期关灯；或于苹果开花期，在果园内按五点布局放置糖醋液诱杀盆，诱杀食花金龟子等有趋性的主要害虫。杀虫灯或诱盆中的虫体及时清理，集中深埋。

（2）捆绑诱虫带。于害虫越冬前（8月下旬至9月），将诱虫带对接后绕树干1周，用绳子或胶带绑扎在果树第一分枝下或固定在其他大枝基部10 ～ 20厘米处，诱集害虫在其中越冬，翌年早春害虫出蛰前解除诱虫带集中烧毁。

5. 生物防治

田间悬挂性信息素诱捕器。果树开花前后，上年鳞翅目害虫如金纹细蛾、苹小卷叶蛾等发生较重果园，选择相应的性诱捕器田间安装。棋盘式布局，每两个相邻诱捕器间隔15 ～ 20米；根据果树密度每亩挂诱捕器3 ～ 5个，悬挂于树冠外中部，距地面高度约1.5米，诱杀成虫。及时更换诱芯和粘板。

6. 科学药剂组合

在准确做好病虫情监测预报的基础上，根据作物生育期、病虫害发生规律和危害特点，综合考虑药剂作用特性、气候条件、天敌数量、防治指标、蜜蜂安全性等因素，优先选用生物农药，对症选择高效、低毒、低残留等环境友好型杀菌剂、杀虫（杀螨）剂品种或剂型，科学组合药剂，最大程度上减少用药品种。坚持达标防治，适期用药，精准用药，尽量减少用药次数和用药品种。严格遵守《农药合理使用准则》《农药安全使用规范总则》和《绿色食品农药使用准则》。

（1）萌芽至开花前。针对越冬病虫害，萌芽期喷施1次石硫合剂，或开花前优先选用生物药剂，对症选用对蜜蜂低毒、残效期较短的治疗性杀菌剂和触杀性、渗透性强的杀虫剂各1种，混合叶面喷雾，压低病虫源基数。果树开花前10 ～ 15天，禁止选用对蜜蜂高毒或剧毒的氟硅唑、阿维菌素、甲氨基阿维菌素苯甲酸盐、氯氟氢菊酯、甲氰菊酯、新烟碱类（如吡虫啉、噻虫嗪等）药剂等。刮治腐烂病病斑，刮除时把病部的坏死组织及与其相连的5毫米左右健皮组织仔细刮净，深达木质部，连绿切成立茬、梭形。刮后及时选用甲基硫菌灵糊剂或噻霉酮膏剂涂抹病处，促进病斑愈合。超过树干1/4的大病斑及时桥接复壮。

（2）落花后坐果期。这是全年防治最关键时期。优先选用多抗霉素、灭幼脲等生物药剂。保护性杀菌剂、杀虫剂、各种螨态兼顾的杀螨剂各选用1种，进行药剂组合，叶面喷雾。悬挂金纹细蛾、苹小卷叶蛾等鳞翅目害虫性诱捕器的果园，杀虫剂可选择只针对蚜虫和叶螨的专性药剂。

（3）套袋前。选用触杀、内吸性、速效性好的杀虫（杀螨）剂，保护性杀菌剂、内吸性杀菌剂各选用1种，尽量选用水分散粒剂、悬浮剂等水性化剂型，形成药剂组合，全园细致喷洒。待药液干后套袋，每次喷药后可连续套袋5 ～ 7天。

（4）套袋后幼果期。选择具触杀、内吸、胃毒作用的杀虫剂，防治早期落叶病的内吸、治疗性杀菌剂，速效性好的杀螨剂，各选择1种，还可加入免疫诱抗剂，组合后混配叶面喷雾。

6月底至7月初果树春梢停长，选用辛菌胺醋酸盐或噻霉酮或代森铵水剂任1种的50倍液，涂刷果树主干、大枝及枝杈处，预防腐烂病侵染。

（5）果实膨大期。综合考虑气象条件、病虫防治指标、天敌等因素，确定用药品种、施药时期和次数，单用或混合喷施防治1 ～ 2次，注意药剂安全间隔期。杀虫剂宜选具触杀、内吸兼胃毒作用的品种如杀铃脲或阿维·联苯等；杀菌剂宜选内吸性杀菌剂品种，斑点落叶病发生重的可选用多抗霉素，褐斑病发生重的可选用戊唑醇等，或单独喷施1次波尔多液；杀螨剂宜选用各螨态兼杀的品种如螺螨酯、乙螨唑、联苯肼酯等。

（6）果实采收后至休眠期。果实采收后1周，宜选用长持效杀虫剂与广谱性杀菌剂农药品种组合，如毒死蜱+多菌灵等，按照推荐用量配制药液，全树喷雾，压低越冬病虫源基数。

秋末冬初检查果园，对腐烂病新发病斑轻刮治（树皮表面微露黄绿色即可）后，选用甲基硫菌灵糊剂原液或辛菌胺醋酸盐水剂或噻霉酮50倍液涂抹病斑，防止腐烂病进一步扩展。

7. 安全精准施药

遵守农药安全使用规范总则。根据不同栽培模式，选用适宜施药器械。矮砧密植园、间伐行距大的果园，宜选用自走式风送喷雾机、履带自走式风送喷雾机、无人机等新型高效施药器械。传统果园选用以三缸柱塞泵为动力、雾化效果好的改进喷头，把握好施药液量，常量喷雾果园每亩施药液量掌握在100 ~ 150千克，根据亩株数、果树生育期树冠层大小等适当调整。改变传统的大水量、粗雾滴“淋洗式”喷雾观念，减量控害。

（三）技术效果

示范区较常规化学药剂防治区减少用药1次，化学药剂品种较常规防治园减少5 ~ 6种，亩用药量（折百）减少64.5 ~ 91.5克。

（四）适宜地区

陕西省洛川县苹果生产区。

（五）注意事项

应树立“科学植保、绿色植保”理念，贯彻“预防为主、综合防治”的植保方针，坚持“技术配套、减量增效、提质降本、确保安全”的原则，遵循安全用药要求。

三、甘肃省静宁县和礼县苹果农药减施增效技术模式

（一）区域特点及存在的问题

在甘肃省苹果生产区，果农整体植保素质偏低，生产管理水平落后，养成了用高毒、剧毒农药防治苹果病虫害的习惯，不仅防治成本高、防治效率偏低，而且因果园用药次数多，农药残留重，导致果园生态严重恶化，田间自然天敌种类和种群数量明显偏低。

（二）集成技术及技术要点

1. 健身栽培技术

甘肃省静宁县老果园改造项目，挖除老果树，引进新品种大苗栽培，示范推广面积100亩，并通过整形修剪、合理负载、桥接复壮等综合健身栽培措施，增强树势。

2. 诱虫带诱杀技术

早春在果树树干基部涂抹阻隔涂抹剂，阻止叶螨向上、向下转移，控制其上树危害，压低虫口基数，减轻其对苹果树的危害。

3. 黑膜地面覆盖技术

春季结合施肥做垄整地，即以树行为中心，做高20厘米、宽1.5 ~ 2.5米的土垄，垄面整平并适当拍实，后进行覆膜。通过覆膜达到保水、增温、除草、阻止地面越冬虫害羽化成活和向树上迁移、降低虫口密度的目的，示范区果园覆盖率达100%。

4. 果园生草，培肥土壤，为天敌创造良好环境

甘肃省礼县在果园示范区套种箭筈豌豆、三叶草等，改良土壤，提高土壤肥力，改善果园生态环境，抑制病虫害发生。

5. 悬挂粘虫板

根据害虫不同的喜色本能，从4月下旬至7月下旬，静宁县

在苗岘村、王坪村示范区，礼县在新联村示范区各悬挂黄板2万张，高度为1.5 ~ 1.8米，示范面积2 000亩，辐射带动面积10 000亩。主要诱杀白粉虱、苍蝇、潜叶蝇以及各种蚜虫、蓟马、介壳虫等害虫，每张粘虫板平均捕杀害虫220只，最多高达3 000只，捕杀效果十分明显，有效控制了害虫的繁殖，防止虫媒病毒传播扩散，减轻了病虫危害，提高了生物产量和经济效益。

6. 安装太阳能杀虫灯

太阳能杀虫灯不仅可以减少30%农药的施用量，节约农药和人工费，减少环境污染，有效保护害虫天敌，而且具有诱杀力强、对益虫影响较小、集中连片效果好、操作方便成本低、维护生态平衡等优点，具有较好的经济和生态效益。

7. 悬挂性诱剂

礼县在示范区悬挂性诱剂2 000套，诱杀桃小食心虫、梨小食心虫、苹小卷叶蛾，金纹细蛾。金纹细蛾性诱芯放置时间为4月初至10月中旬；桃小食心虫性诱芯放置时间为5月中下旬至9月下旬；梨小食心虫、苹小卷叶蛾性诱芯放置时间为4月上旬至9月下旬。

8. 果实套袋

套袋能阻止蛀果害虫对果实的危害，改变部分害虫的生存环境，降低害虫基数。在苹果示范园区内全面实施苹果套袋措施，富士苹果套袋率达到100%。通过套袋减少了桃小食心虫等蛀果性害虫和苹果炭疽病、轮纹病等果实病害的发生，并可提高果实外观和整洁度，减少农药等有毒物质的直接污染，降低农药等有毒物质的残留。

9. 冬季病虫害防控技术

（1）清洁田园。在果树休眠期彻底清除地面枯枝落叶与杂草，集中烧毁，减少翌年虫源。

（2）树干涂白。冬季对果树树干进行涂白，不仅可防治日灼和冻害，延迟果树的萌芽与开花，避免晚霜的危害，还能兼治虫害和腐烂病，阻止成虫产卵或杀死在树皮内隐藏的越冬虫卵。

(3) 刮除树皮。冬季和早春果树萌发前，彻底刮除主干及主枝上的翘皮、粗皮，并集中烧毁，消灭大量的越冬害虫和病菌。

(4) 束（覆）草诱集。果实收获后进行树干束草诱集越冬雌虫，于翌年早春解冻前取下束草烧毁，可有效降低虫卵基数。

（三）技术效果

一是节本增效，化学农药使用量明显下降。通过苹果绿色防控示范区的建设，促进了植保工作由防灾保产向病虫害防治的科学化、无害化、标准化的转变，使环保型农药得到了有效推广，改变了多年来群众使用高毒、剧毒农药防治苹果病虫害的习惯，减少了用药次数和农药残留，降低了防治成本，提高了防治效率，亩用药节本增效100元以上。

二是有效改善了果园生态环境。示范区农药污染减少，生态环境逐步改善，天敌种群数量有较明显的恢复和增长。

三是提高了果品质量和产量。通过减药增效技术的研究与示范，预计优质果率达到90%，比周边果园提高20%，一等果比例提高30%，亩增加收益300元以上。

四是果农素质明显提高。通过定期对农民进行技术培训，示范区果农基本会辨认果园的主要害虫和常见益虫，能识别重要病害，具有病虫害绿色综合防控意识，并能将综合防治与管理措施落实到田间。

（四）适宜地区

适宜于甘肃省静宁县和礼县苹果生产区。

（五）注意事项

应因地制宜，注意静宁县与礼县不同果园的特点。对于静宁县的老果园改造，应注意通过整形修剪、合理负载、桥接复壮等综合健身栽培措施，增强树势。对于礼县果园土壤条件差和生态恶化的情况，应注意套种绿肥植物，如箭筈豌豆、三叶草等，以改良土壤、提高土壤肥力、改善果园生态环境等。

四、山东省烟台市牟平区苹果农药减施增效技术模式

（一）区域特点及存在的问题

山东省烟台市牟平区苹果园常年发生的病虫害种类多、危害重。侵染性病害主要有苹果树腐烂病、干腐病、枝干轮纹病、炭疽叶枯病、褐斑病、斑点落叶病、锈病、烂果病（炭疽病、轮纹病）、霉心病、红点病、黑点病、病毒病等。其中，腐烂病、炭疽叶枯病、褐斑病、红（黑）点病和霉心病为套袋苹果常见病害。虫害主要包括绿盲蝽、桃小食心虫、梨小食心虫、苹果小卷叶蛾、金纹细蛾、绣线菊蚜、苹果绵蚜、棉铃虫、金龟子、山楂叶螨、苹果全爪螨、桑天牛、顶梢卷叶蛾等。其中，绿盲蝽、绣线菊蚜、金纹细蛾和苹果全爪螨为虫害的优势种群，需重点防治。

（二）集成技术及技术要点

1. 核心示范区主推的4项技术

(1)“四诱”技术。

①光诱技术。4月中旬果园开始悬挂杀虫灯，花期诱集金龟子，坐果后诱集棉铃虫、天牛等。

②色诱技术。该技术主要用于监测，监测对象为绣线菊蚜发生消长动态，5月上旬开始悬挂色板。

③性诱技术。4月上旬放置金纹细蛾性诱芯、梨小食心虫诱芯和苹小卷叶蛾性诱芯；4月下旬开始悬挂固体迷向丝防治梨小食心虫；5月中旬后开始放置桃小食心虫性诱芯。

④食诱技术。5月中旬安置食诱剂诱集棉铃虫。

（2）植物免疫诱抗技术。植物免疫诱抗剂具有提高农作物抗性和有效防控农作物病害的作用。氨基寡糖素（海岛素）对苹果免疫力和抗病能力具有较好的提升作用。

（3）保护利用天敌控害技术。通过果园自然生草，增加果园生物多样性，保护利用天敌。

（4）精准施药器械使用技术。包括风送履带式林果喷雾机施药技术、无人机悬挂烟雾器精准施药技术等。

2.辐射区主推的3项成熟技术

（1）农业生态控制技术。

①加强土、肥、水管理，提高树体的抗病耐害能力。深翻改土，推广水肥一体化，亩施有机肥3 000千克以上，增施复合肥，达到100千克果折合施纯氮1.4千克、磷0.8千克、钾1.2千克以上。

②合理修剪，改善通风透光条件，盛果期树亩枝量控制在8万个左右；及时疏花疏果，合理负载；果实采用套袋技术，行间覆草，改善天敌生存环境。

③搞好清园。结合冬剪，彻底刮除腐烂病病疤、轮纹病粗皮病瘤，刮除树干、剪锯口处的老翘皮及潜藏的越冬害虫，剪除干腐病病枝，清扫落叶（防治金纹细蛾越冬蛹），带出园外集中销毁，降低越冬病虫源基数。

（2）生物农药替换化学农药防控技术。主推寡雄腐霉、枯草芽孢杆菌、春雷霉素等生物农药使用技术。

（3）科学使用农药技术。筛选高效、低毒、低残留农药，主要包括苯醚甲环唑、丙环唑、戊唑醇、亚胺唑、多抗霉素、螺螨酯、氯虫苯甲酰胺、螺虫乙酯、甲维盐等。根据病虫害发生动态和发生规律，分析推测病虫害发生量及发生程度，适时施药。

（三）技术路线图

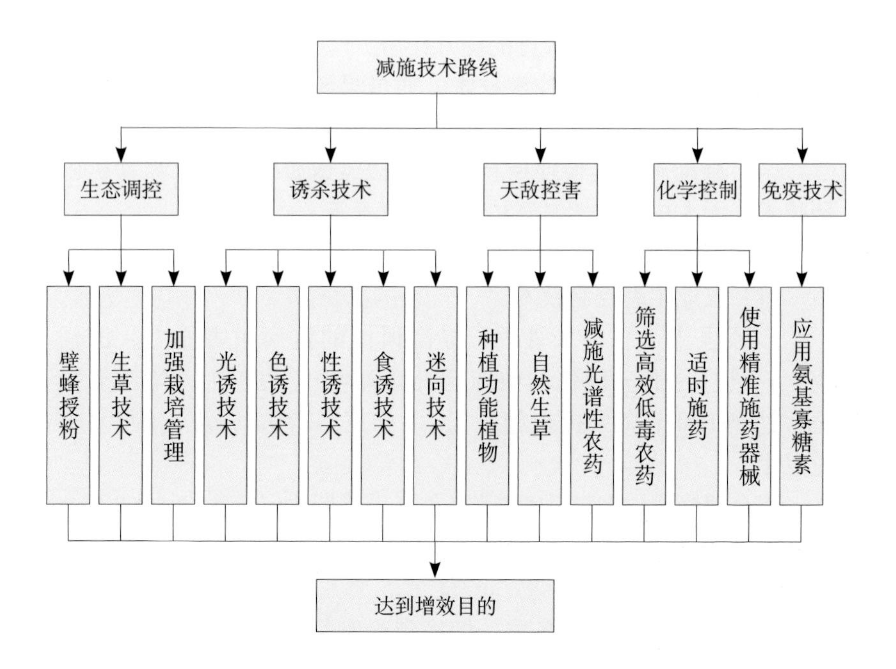

（四）技术效果

通过项目示范展示，改变了传统防治理念，减药效果明显，而且使果农切实从果品质量提升中获得利益。2017年示范区果园减少施药1～2次，按每次施药用工150元计算，节约用工成本150～300元；平均亩施商品农药减少1.142千克，折纯平均每亩施用农药减少0.345千克，亩降低农药投入48.09元，降幅达到15.3%。示范区因购置诱控设备等，增加理化诱控投入80元，对照区增加施药器械油费20元；在早熟苹果品种嘎拉上测产，示范区较对照区亩增产224千克，增产率高达14.1%，按照每千克5元计算，亩增加经济效益1 120元，增产和增效均比较显著。合并上述成本与增效，示范区亩增加经济效益为：48.09＋1 120 － 80 － 20＝1 068.09元。

（五）适宜地区

山东省烟台市牟平区苹果园。

（六）注意事项

注意寡雄腐霉、枯草芽孢杆菌等生物农药应科学使用，且使用后应科学管理，以保持生物菌剂的长效性。

五、山东省招远市苹果农药减施增效技术模式

（一）集成技术及技术要点

1. 生态调控技术

示范区全部采用水肥一体化，冬夏修剪结合，改善通风透光条件，通过蜜蜂和壁蜂授粉保证坐果量，并通过自然生草、种植鼠茅草改善果园生态条件。

2. 农业防治技术

（1）春季发芽前，剪除病虫枝、病果台、病僵果、干腐病病枝，刮除腐烂病伤口病疤、轮纹病粗皮病瘤、老翘皮及其中潜藏的越冬害虫，清除地面枯枝落叶、病皮、杂草等。病斑刮完后，伤口涂抹愈合剂。清园后，全园喷洒一遍30%苯甲·丙环唑乳油3 000倍液+48%毒死蜱乳油500倍液+25%高效氟氯氰菊酯乳油1 000倍液，清除树体病原菌、越冬蚜虫、叶螨等。

（2）生长季节，人工摘除受苹小卷叶蛾危害的虫苞，铲除根蘖，处理苹果绵蚜。

3. 诱杀技术

（1）光诱技术。4月中旬果园开始悬挂杀虫灯，花期诱集金龟子，坐果后诱集棉铃虫、天牛等。

（2）性诱技术。4月中下旬开始悬挂固体性诱剂迷向丝防治梨小食心虫；苹果谢花后1周开始，园区放置金纹细蛾性诱芯、苹小卷叶蛾性诱芯；5月中下旬后开始放置桃小食心虫性诱芯，诱杀鳞

翅目害虫。

(3) 食诱技术。苹果谢花后1周开始在园区安置食诱剂诱集棉铃虫。

4. 生物防治技术

果园行间自然生草或种植鼠茅草，以改善天敌生存环境，增加田间自然天敌种群数量。尽量采用抗霉菌素120、寡雄腐霉、枯草芽孢杆菌、宁南霉素、春雷霉素、苦参碱等生物农药替代化学农药。喷施化学农药时，尽量避开天敌发生盛期，保护利用田间的自然天敌。

5. 植物免疫诱抗技术

试验示范氨基寡糖素等制剂对植物免疫的作用。

6. 精准防控技术

根据病虫害预测预报情况，达到防治指标的目的；选用高效、低毒、低残留药剂，用无杂质的软化清水准确配制；用果林专用施药机，及时实施统防统治，减量、精准、均匀施药。

（二）技术效果

通过苹果农药减施增效技术的示范展示，积极宣传果园农药减施增效技术，使果农从理念上改变了见病打药的不良习惯，减药效果明显。据2017年统计，招远市苹果示范区平均每亩用药费用降低20元，施药次数减少4.25次，节约用工成本637.5元；示范区平均每亩增产67千克，增收335元。合并计算每亩增加经济效益为992.5元。使基层植保机构和果农认识到科学研究的重要性，为进一步加强科研机构与推广机构合作、加快科技成果转化提供了有益参考。

（三）适宜地区

山东省招远市苹果园。

（四）注意事项

在果树授粉期，注意避开蜜蜂和壁蜂授粉时间用药。

六、辽宁省大连市普兰店区苹果农药减施增效技术模式

（一）集成技术及技术要点

1. 集成技术模式

针对主要病虫害分别集成了针对桃小食心虫、梨小食心虫及苹果轮纹病等的多个单项全程绿色防控技术模式。

（1）桃小食心虫全程绿色防控技术模式。杀虫灯诱杀成虫＋幼果期套袋＋性诱剂监测并消灭成虫＋氯虫苯甲酰胺（康宽）喷施防治幼虫。

（2）梨小食心虫全程绿色防控技术模式。冬季清园＋刮老翘皮＋枝干涂白＋剪除受害新梢＋性诱剂防治成虫＋迷向丝干扰成虫交配产卵＋杀虫灯诱杀成虫＋幼果期套袋＋氯虫苯甲酰胺（康宽）喷施防治幼虫。

（3）叶螨全程绿色防控技术模式。冬季清园＋刮老翘皮＋枝干涂白＋芽前喷石硫合剂＋天敌（捕食螨＋果园生草）。

（4）苹小卷叶蛾全程绿色防控技术模式。冬季清园＋刮老翘皮＋芽前喷石硫合剂＋天敌（赤眼蜂寄生灭卵）＋杀虫灯诱杀成虫＋喷施甲氧虫酰肼或甲维盐防治幼虫。

（5）蚜虫全程绿色防控技术模式。冬季清园＋芽前喷石硫合剂＋黄板诱杀＋天敌（释放瓢虫）＋喷施氟啶虫胺腈。

（6）苹果轮纹病全程绿色防控技术模式。冬季清园＋套袋＋芽前喷石硫合剂＋喷施波尔多液。

（7）苹果腐烂病全程绿色防控技术模式。冬季清园＋枝干涂白＋芽前喷石硫合剂＋武宁霉素喷施或涂抹。

2. 技术要点

（1）释放赤眼蜂。在苹小卷叶蛾化蛹率达到20%时，后推10～12天放蜂，放蜂量为每次每亩3万头，每隔5天释放1次，共

放2次，方法是直接把蜂卡放于树枝外围大枝中部叶片背面用细草棍别上。

（2）迷向丝防治梨小食心虫技术。迷向丝干扰成虫交配产卵，选择持效期长达5个月的迷向丝（深圳百乐宝公司生产），每亩果园挂33根迷向丝，在果树开花前悬挂，方法是挂在每株树的西南方向树枝上，距离地面1.5米左右。

（3）套袋。在苹果谢花后1个月左右幼果期进行套袋，可以用纸袋或特制塑膜袋，最好全树套袋，解袋在苹果采收前1个月进行。如果套双层纸袋，必须先摘外层袋，1周后再摘内层袋，特制塑膜袋不用摘袋。

（4）以螨治螨技术。每株树挂1袋捕食螨，在纸袋上方1/3处撕开约1.7厘米，用按钉固定在树冠内背阳光的主干上，袋底靠紧枝桠，悬挂前10天左右进行1次药剂防治，用于防治红蜘蛛。在每叶片红蜘蛛不超过2头时，7月8日开始悬挂捕食螨，每袋有捕食螨2 500头，释放捕食螨期间1个月内不施用防治红蜘蛛的药剂。

（5）杀虫灯。每台太阳能杀虫灯可以控制30 ～ 50亩。在4月初开灯，傍晚自动开灯，凌晨自动关灯，晚上同时诱杀桃小食心虫、梨小食心虫、苹小卷叶蛾以及金龟子等害虫。

（6）性诱剂。桃小食心虫性诱剂在6月初桃小食心虫出土期使用，梨小食心虫性诱剂在4月初梨小食心虫出蛰期使用。可以用水盆式诱捕器，水盆式诱捕器必须经常添水，保持诱芯和水面相距1厘米左右；也可以用三角板诱捕器或房式诱捕器，诱芯和底部粘板最好1个月换1次新的，每亩地悬挂10 ～ 20个即可。

（7）高效、低毒、低残留环境友好型药剂化学防治技术。重点选用20%氯虫苯甲酰胺（康宽）悬浮剂防治食心虫，在食心虫成虫高峰期后3天喷雾，使用浓度为3 000倍；用50%氟啶虫胺腈（可立施）水分散粒剂防治蚜虫，在蚜虫发生始盛期喷雾，使用浓度为8 000倍；选用24%甲氧虫酰肼（雷通）5 000倍液喷雾防治苹小卷叶蛾，在苹果萌芽初期和谢花后1周分别施药。

（二）技术效果

通过减量控害集成技术的实施，示范区绿色防控技术到位率达到90%以上，综合防控效果达90%，减少用药3次，减少化学农药使用量30%以上，病虫害得到了有效的控制，优质果率提高了5%，果园生态环境得到了改善，天敌种群数量明显增多，使得示范区果品农药残留不超标，农产品质量进一步提高，经济效益、生态效益和社会效益均十分显著。

（三）适宜地区

辽宁省大连市普兰店区苹果园。

果园绿色防控技术产品介绍

第一节　生态调控技术产品简介

第二节　绿色防控技术产品推介

第三节　果园常用化学农药登记和使用情况

第四节　果园高效施药器械介绍

第一节　生态调控技术产品简介

果园生态调控是从果园生态系统中环境－作物－害虫（病原微生物）－天敌（有益微生物）关系出发，充分利用生物与非生物的生态因子，变对抗为利用，改控制为调节，对生态系统中害虫（病原微生物）进行调控，也包括景观调节、功能植物、推拉作物等。

在我国目前苹果生产条件下，生态调控首先是抗病虫品种的选择和利用。在新建果园时，要根据当地条件选择适合当地气候与土壤条件的抗病虫品种；在已建果园，要对所栽种品种的抗病虫性有全面的了解，以便制定适宜的生态调控技术方案。我国黄土高原和环渤海湾两大苹果主产区，由于地理条件的不同，生产上推广的主栽品种及不同品种对病虫害的抗性也有差异。

1. 黄土高原主产区

近年引进发展的新品种有 60 余个，新品种发展数量明显增多，但以富士系（含早熟富士系）、嘎拉系、元帅系等的优系品种为主。据试验，其中对白粉病和早期落叶病抗性较好的品种有魔笛、爱妃、玉华早富、蜜脆、卡米欧、华红、华脆、华硕、华玉、秦阳、爵士等；对腐烂病中抗以上的品种主要有红玉、帅光、丹霞、新红星、松本锦、北海道 9 号、国光、惠民短枝富士、羽红、华冠、斗南、金冠、嘎拉、沙果、藤木 1 号、秋富 1 号、魔里士、早富等；对褐斑病中抗至高抗的品种有皮诺娃、澳洲青苹、鸡冠、嘎拉、延风、珊夏、倭金、东光、欢喜、延光、早捷等；对苹果轮纹病没有免疫品种，早熟品种抗病性相对强些，但品种间有较大的差异，北之幸、1996-1-1和秦冠等为高抗品种。

2. 环渤海湾主产区

抗病虫性较好的早熟品种主要有藤牧1号，中熟品种主要有红将军、太平洋嘎拉、金都红嘎拉等，晚熟品种主要有烟富3号、烟富1号、烟富6号、烟富8号（神富1号）、烟富9号、烟富10号、

2001等红富士优系。其中，藤牧1号对蚜虫抗性强，较抗早期落叶病；珊夏较抗轮纹病和炭疽病，但树势易衰弱，叶片易患褪绿症，果顶易产生果锈等；美国8号较抗早期落叶病、轮纹病、白粉病和炭疽病；新嘎拉对白粉病、轮纹病和早期落叶病等抗性较好，但高感炭疽菌叶枯病；元帅系苹果对果锈病抗性较强；着色系乔纳金品种抗性强，特别耐寒，几乎不患粗皮病和腐烂病，对锈病斑点病、黄叶病及蚜虫有较强的抗性；寒富对蚜虫、红蜘蛛和早期落叶病具有较高的抗性；摩里士对腐烂病抗性较强；富丽对炭疽性叶枯病几乎免疫；维纳斯黄金高抗炭疽叶枯病，较金帅更抗褐斑病、果锈病。

在选择优良抗性品种的基础上，科学的水肥管理是健康栽培的重要保障。水肥一体化技术是将灌溉与施肥融为一体的农业新技术，它借助压力系统（或地形自然落差），依据土壤养分含量、苹果树需肥规律及特点，将可溶性固体肥或液体肥料配兑成肥料溶液，与灌溉水一起，通过管道系统供水供肥，均匀准确地输送至苹果根部区域，对培育健康的植株、形成合理的群体具有重要作用。苹果园水肥一体化技术主要采用微喷灌、涌泉灌或滴灌。

（1）微喷灌技术。微喷灌技术是在喷灌和滴灌的基础上形成的一种灌溉技术，通过一定的压力管道输送，将较小流量的水流以较大的流速从微喷头喷出，从而灌溉作物土壤表面或作物叶面。与喷灌相比，微喷灌工作压力较低，降低了对管材的质量要求。与滴灌相比，微喷灌作业时工作压力较大，微喷头出流量和流速均大于滴灌的滴头流量和流速，因此喷头不易被细小颗粒堵塞。

（2）涌泉灌技术。涌泉灌即水管出流灌溉方式，其核心技术是补偿式流量调节器的应用，由于补偿式流量调节器使用在末级灌水器（微管）上，即相当于大流量的补偿式灌水器，特别适合地形起伏较大的地区应用。由于其抗堵塞性能优越，系统运行的安全性更为可靠，可使作物得到充分灌溉。其缺点是灌溉时地面一定范围内有积水，属滴灌与淹灌之间的一种方式，表现在作物根系范围内土壤中的水、空气的比例失调；同时，人工安装补偿式流量调节器工作量较大。

（3）滴灌技术。滴灌是借助安装于毛细管的水滴滴头，将水逐滴而且均匀、缓慢地滴在作物根茎附近的土壤中，是一种有效的局部灌溉技术。通过实现让水分进一步渗入并扩散于土壤中，为植物根系创造更好的吸收条件，是当前最为常见的节水灌溉手段，能将水资源的使用效率最大限度地提高。相比微喷灌和涌泉灌，滴灌的要求高一些，在选择设备时要注意过滤设备与水源水质匹配。

因为果园与大田不同，设施需要多年连续使用，建议选质量好的产品。

在天敌利用、景观调节等方面，主要是在果园周边和行间种植开花植物和生草，以涵养天敌、增加授粉昆虫蜜源等。因各地果园乔化、矮化、立地条件等不同，可因地制宜地选择相应的草种和菊科植物等长花期、小花品种的开花植物。为解决特定的害虫问题，还可以种植一些具有特殊气味的作物，起到驱避和拮抗等作用，如胶东半岛果园种植大葱等。

第二节　绿色防控技术产品推介

苹果主要病虫害绿色防控技术已在前面章节中做了详细介绍，本节主要推介在苹果树病虫害防治中效果好、有一定应用面积的绿色防控技术产品。按照我国农药管理条例，生物农药在农药登记范围内，在生产上使用需要有相关的登记证。

一、理化诱控技术产品

1. 光诱产品

随着电子技术、太阳能技术等新技术的研究和应用的不断深入，光诱产品也出现了一系列改进型新产品，除原来应用较广的频振式杀虫灯外，如以LED 诱虫灯取代原来荧光灯管光源的新型节能高效专用诱虫灯，是目前物理防治害虫中较先进的诱杀工具；还有用风吸或扇吸式集虫器取代频振式高压电网触杀、预留天敌的逃生孔等改进型光诱产品等（表5-1）。

表5-1　光诱产品

产品名称	杀虫灯
适用作物	桃树、梨树、苹果树、枣树、杏树等果树
防治对象	杀虫灯可诱杀的昆虫种类涉及11目48科116种以上，主要是鳞翅目、鞘翅目等多种害虫。在果树上主要可诱杀桃潜叶蛾、桃蛀螟、梨小食心虫、苹小卷叶蛾、金龟子、桃小食心虫、吸果夜蛾、梨星毛虫、潜叶蛾、斜纹夜蛾、枣尺蠖、透翅蛾、小地老虎、盗毒蛾、榆绿天蛾、红缘灯蛾、豆天蛾、麻皮蝽等具有趋光性的害虫
主要特点	杀虫灯诱杀是利用害虫趋光性进行诱杀的一种物理防治方法。根据其电源不同可分为交流电式、太阳能式和蓄电池式；根据其捕杀害虫的方式，可分为频振电网式、普通电网式、风吸式和集虫袋式；根据光源的不同还可分为荧光管式、节能灯泡式和LED灯管式。作为一项利用光波诱杀害虫成虫的新技术，一般波长范围为320 ~ 400纳米，广谱的光波范围增加了诱杀害虫的种类，也增大了诱杀中性昆虫和天敌昆虫的风险，现在主要靠控制开灯时间、改进集虫方式、允许天敌昆虫逃逸等。还可以和性信息引诱剂配合使用，提高诱杀的选择性和诱杀效果

2. 色诱产品

在保护地、设施农业或特定时段条件下，色板用于微小害虫的防控具有较好的效果。其原理是利用昆虫的趋色性（如蚜虫趋黄、蓟马趋蓝等）在色板上涂粘胶粘杀害虫。为了解决粘虫板基板的污染，近年研发出了可降解、加信息素的色板，将涂胶中加入信息素或在色板上加挂诱芯，诱虫板基板材质采用新型生物合成可降解材料生产的新型色诱产品。此类产品的特点是诱虫更专一，基板可堆肥，可就地掩埋，自然界微生物作用下可完全降解（表5-2）。

表5-2 色诱产品

产品名称	黄板、绿板、紫板、蓝板
适用作物	桃树、梨树、苹果树、枣树、杏树等果树
防治对象	潜蝇成虫、粉虱、蚜虫、叶蝉、蓟马等具有趋色性的小型害虫
主要特点	色板诱虫技术是利用昆虫的趋黄、趋蓝、趋绿等特性诱杀农业害虫的一种物理防治技术，可诱杀趋色性强且有飞翔能力的昆虫等，色板诱杀作为一种经济有效的物理防治途径，主要在设施环境中应用或针对体型较小的昆虫，如粉虱、蓟马、蚜虫等。其优点一方面是可以减少农药使用次数，降低生产成本，提高农产品品质；另一方面是可以避免或减少因使用农药和杀虫剂给人和其他生物及环境带来的危害，保护农业生态环境。随着对色板基板材质的改进、可降解材料的应用，解决了大量使用带来的污染，已普遍受到广大农业科技工作者的关注

3. 性诱产品

苹果园昆虫信息素产品主要有昆虫性引诱剂和迷向素。性引诱剂的杀虫原理主要是通过模拟雌虫交配时发出的性信息素吸引雄虫，通过诱捕器等物理装置把雄虫诱集在诱捕器中，从而减少交配机会，达到控制害虫的目的。性迷向素是通过干扰昆虫交配，有效控制昆虫种群增殖，从而减少害虫危害的技术（表5-3、表5-4）。常用的产品有：

表5-3 性引诱剂

产品名称	性引诱剂
适用作物	果树、蔬菜、茶树、水稻、粮油作物及其他作物
防治对象	用于各种作物害虫的监测和防治，主要有桃小食心虫性诱芯、苹小卷叶蛾性诱芯、梨小食心虫性诱芯、金纹细蛾性诱芯、苹果蠹蛾性诱芯、桃柱螟性诱芯、棉铃虫性诱芯、小菜蛾性诱芯、甜菜夜蛾性诱芯、斜纹夜蛾性诱芯等
主要特点	专一性强，信息素释放稳定，持续时间长，诱虫量大，对环境友好

表5-4　性迷向素

产品名称	性迷向素
适用作物	苹果树、桃树、梨树、枣树、杏树、樱桃树等果树
防治对象	梨小食心虫
主要特点	专一性强，通过高分子缓释载体，长时间、高浓度地保持梨小食心虫性信息素的稳定释放，有效阻断雌雄虫间的信息交流，干扰交配，从根本上压低或控制梨小食心虫的种群数量，具有持效期长(6个月)、无盲区防治、绿色环保等优势。且信息素释放稳定，持续时间长，诱虫量大，对环境友好

二、昆虫天敌与授粉昆虫

1. 昆虫天敌

果园常用的昆虫天敌有寄生性天敌如赤眼蜂、丽蚜小蜂、平腹小蜂等，捕食性天敌如瓢虫、小花蝽和捕食螨等。释放天敌是以虫治虫、以螨治螨最典型、最环保、最绿色的防治方法(表5-5)。

表5-5　昆虫天敌

新产品	主要功能	防治效果
赤眼蜂	用于防治农作物上的鳞翅目害虫，如玉米螟、棉铃虫、菜青虫等	赤眼蜂后代孵化后取食寄主卵液，在害虫孵化危害前将其消灭，防治效果可达85%
丽蚜小蜂	用于防治白粉虱、烟粉虱等	防治效果可达90%，每头丽蚜小蜂平均能杀死90 ~ 100头粉虱若虫
食蚜瘿蚊	用于防治果树上的各种蚜虫	防治效果可达90%，每头食蚜瘿蚊的幼虫平均可杀死40 ~ 50头蚜虫

（续）

新产品	主要功能	防治效果
东亚小花蝽	用于防治果树上的蓟马、粉虱、叶螨、蚜虫等害虫，能捕食成虫、幼虫和卵	防治效果可达90%，其若虫和成虫均可捕食蓟马、粉虱、叶螨、蚜虫等害虫
智利小植绥螨	用于防治果树上的叶螨（红蜘蛛）	智利小植绥螨是国际公认的对叶螨防治效果最好、应用最广泛的捕食螨，成螨每天可取食5 ~ 20头猎物（包括卵）
东方钝绥螨	用于设施蔬菜、花卉及果树上害螨的防控	我国本地高效防治果树害螨的优势种，防效可达90%以上
巴氏新小绥螨	用于设施蔬菜、花卉及果树上蓟马和害螨的防控	国际上广泛应用于防治蓟马的天敌产品，该产品的抗逆性很强

2. 授粉昆虫

利用昆虫授粉不仅可以减少劳动力的投入，而且是提高苹果结实率、外观商品性、果品风味和品质的有效措施。果园常用的授粉昆虫主要有蜜蜂、熊蜂和壁蜂等（表5-6）。

表5-6　授粉昆虫

种　类	用　途	优　点
熊蜂	主要用于温室作物、果树授粉，熊蜂具有较强的适应力和抗逆性，能为番茄、茄子、甜椒、甜瓜、草莓以及果树等授粉	熊蜂是一种授粉昆虫，其优点有节省劳动力，替代“激素点花”；提高作物产量和品质；降低花器病害的发生率

（续）

种 类	用 途	优 点
蜜蜂	有西方蜜蜂和中华蜜蜂，主要用于果树授粉，蜜蜂具有较强的适应力和抗逆性，能为苹果、梨、樱桃等多种果树授粉	蜜蜂是一种兼用授粉昆虫，目前国内主要用于生产蜂产品，近年开始推广用于作物授粉，在果树上授粉的优点是节省劳动力、提高作物产量和品质、降低花器病害的发生率
壁蜂	主要用于果树授粉，壁蜂具有较强的适应力和抗低温性，能为早熟果树等授粉	壁蜂是一种授粉昆虫，其优点有节省劳动力，替代人工授粉；耐低温，好饲养；提高作物产量和品质；降低花器病害的发生率

三、目前不需登记类产品

1. 果树液态保护膜——物理组隔防护技术产品

果树液态保护膜即“国光松尔膜”，可广泛应用于果树树干的物理保护，它是由反光剂、成膜剂、粘着剂等功能剂组成。

（1）使用方法。用喷涂机将果树液态保护膜（白色液态黏性胶悬物质）以喷射的方法喷射到树干上，形成一层随树干表皮复杂形状而变化的紧身保护膜，又称“树干紧身衣”，从而起到减轻霜冻和日灼危害、阻隔病虫侵入树体的作用，还能破坏青苔的生存环境和生长条件。

（2）适用作物。核果类（桃、李、杏、梅、樱桃、枣、柿子）；仁果类（苹果、梨、山楂、花红）；柑果类（柑、橘、橙、柚、柠檬）；坚果类（核桃、板栗、腰果、香榧、榛子）；热带水果（龙眼、荔枝、芒果、莲雾、杨梅、石榴等果树及油茶、橄榄等）。

2. 助剂类产品——减药增效

多功能助剂——激健，由多元醇型非离子表面活性剂及蜂蜜、茶籽油、橄榄油、大豆油、玉米胚芽油等天然成分组成。

（1）作用机理及作用特点。侧重在微观靶标上聚合大分子，增强快速穿透、加快传导、诱变隔阻、缓慢释放、提高免疫力功能。安全性能良好，本身无任何副作用，对人畜、水生物、天敌、作物和生态环境安全。

（2）使用范围和方法。除活体生物农药、强碱性农药和以水为界面农药外，可与除草剂、杀虫剂、杀菌剂、叶面肥、植物生长调节剂等混配使用。使用技术成熟。可减少农药常规使用量50%（除草剂减量40%），土壤封闭处理时每亩用激健30毫升，茎叶喷雾时每亩激健用量15毫升或2 000倍液。

（3）应用现状。在四川、湖南、湖北、安徽、江苏、河南、河北及重庆等20多个省份的水稻、小麦、玉米、柑橘等20多种作物上成功应用4亿亩次以上，取得了农药减量降残、农作物增产、品质提高等结果。

四、免疫诱抗技术产品

氨基寡糖素是目前唯一在苹果上登记的免疫诱抗技术产品，具有提高苹果抗病性、改善苹果品质、提高产量的功效。其作用主要是激活植物体内分子免疫系统，提高植物抗病性；同时，还激发植物体内的一系列代谢调控系统，具有促进植物根茎叶生长和叶绿素含量提高等多种功能。对病害的防治效果为40%～80%，可提高苹果产量10%～20%。

获得登记的氨基寡糖素是5%氨基寡糖素水剂（海岛素），其标签信息如下：

（1）使用范围和使用方法。

作物	防治对象	用药浓度	施用方式
苹果树	斑点落叶病	500～1 000倍液	喷雾

（2）使用技术要求。

①于作物发病前或发病初期施药，注意喷雾要均匀，视病害发生情况，每7～10天施药1次，可连续用药2～3次。②大风天

或预计1小时内有降雨时，请勿施药。③本品为从海洋生物中提取出来的糖生物，在使用时无需安全间隔期。

(3) 产品性能。本品被植物吸收后，能增强细胞壁对病原菌的抵抗力；能诱发受害组织发生过敏反应，产生抗菌物质，抑制或直接杀死病原物，使病原物脱离，使植株免受危害；对苹果树斑点落叶病有较好的防治效果，并具有较好的促进生长效果。

(4) 注意事项。

①本品不要与碱性农药等物质混用。②本品系天然高分子生物杀菌剂，应注意防霉、防冻、防晒。③使用本品时应穿戴防护服和手套，避免吸入药液。施药期间不能吸烟，不能饮食。施药后应及时洗手和洗脸。④为了减缓抗药性产生，请注意与其他不同作用机制的杀菌剂轮换使用。⑤远离水产养殖区施药，禁止在河塘等水域内清洗施药器具，避免污染水源。⑥用过的容器应妥善处理，不可做他用，也不可随意丢弃。⑦孕妇及哺乳期妇女禁止接触本品。

(5) 中毒急救措施。本品低毒，若不慎吸入，应将病人移至空气流通处。若不慎接触皮肤或溅入眼睛，应用大量清水冲洗至少15分钟。如有误服，应立即引吐，并迅速携本标签就医，医务人员可给患者洗胃，但要防止胃存物进入呼吸道。

(6) 储存和运输方法。本品应贮存在干燥、阴凉、通风、防雨处，远离火源或热源。置于儿童触及不到之处，并加锁。勿与食品、饮料、饲料、粮食等其他商品同贮同运。

五、生物农药产品

生物农药主要指微生物农药、植物源农药和生物化学农药等，这一类农药区别于天敌的一个特点是需要取得农药管理部门的登记，不同于化学农药的特点是主要由天然的或仿生的物质作为有效成分。在苹果上登记的真菌类微生物农药有白僵菌、绿僵菌、寡雄腐霉等，细菌类的有苏云金杆菌、枯草芽孢杆菌等，植物源农药有苦参碱、乙蒜素等，生物化学农药有植物生长调节剂类的赤霉酸、芸薹素内酯以及其混配剂等。

1. 绿僵菌

绿僵菌是从昆虫残体或土壤等中筛选出来的能感染昆虫从而致昆虫僵死的真菌类微生物农药。如100亿孢子/克的金龟子绿僵菌可湿性粉剂，其标签信息如下：

(1) 使用范围和使用方法。

作物	防治对象	用药浓度	施用方式
苹果树	桃小食心虫	1 200 ~ 1 500倍液	喷雾

(2) 使用技术要求。

①本品在防治苹果树桃小食心虫时，应在第一代桃小食心虫产卵高峰期以前用药。均匀透彻地对叶面进行喷雾处理。②在阴天施药最佳，避免在高温和大风大雨天气下施药。

(3) 产品性能。本品是一类真菌类微生物杀虫剂，作用方式是接触虫体感染，孢子侵入虫体内破坏其组织从而致死。主要用于防治苹果树桃小食心虫。

(4) 注意事项。

①使用本品时应穿戴防护服、手套和口罩，避免吸入药剂。施药期间不可饮食。施药后应及时洗手、洗脸及清洗暴露部位的皮肤。②本品包装一旦开启，应尽快用完，以免影响孢子活力。③禁止在河塘等水源地清洗施药器具，避免药液污染水源。④本品不可与杀菌剂混用。⑤孕妇、哺乳期妇女及过敏者禁用，使用中有任何不良反应请及时就医。⑥用过的容器应妥善处理，不可做他用，也不可随意丢弃。

(5) 中毒急救措施。如果吸入，应迅速脱离现场至空气新鲜处，保持呼吸道畅通。如出现呼吸困难，应输氧，并携标签立即就医。如不慎接触眼睛，请提起眼睑，用流动清水或生理盐水冲洗15分钟，然后就医。若误服，应立即携标签送病人到医院对症治疗。

(6) 储存和运输方法。本品应贮存在干燥、阴凉、通风、防雨处，远离火源或热源。置于儿童触及不到之处，并加锁。勿与食品、饮料、饲料等其他商品同贮同运。

2. 寡雄腐霉

寡雄腐霉是自然界中存在的一种攻击性很强的寄生真菌，能在多种农作物根围定殖，不仅不会对作物产生致病作用，而且还能抑制或杀死其他致病真菌和土传病原菌，诱导植物产生防卫反应，减少病原菌的入侵；同时，寡雄腐霉产生的分泌物及各种酶是植物很好的促长活性剂，能促进作物根系发育，利于养分吸收，属真菌微生物农药。100万孢子/克的寡雄腐霉的标签信息如下：

(1) 使用范围和使用方法。

作物	防治对象	用药浓度	施用方式
苹果树	腐烂病	500 ~ 1 000倍液	树干涂抹

(2) 使用技术要求。

①本品用于防治苹果树腐烂病，3月、6月、9月每月涂刷树干1次。②使用前应先配制母液，取本品倒入容器中，加适量水充分搅拌后静置15 ~ 30分钟。③将配制好的母液倒入喷雾器中。切勿将母液中的沉淀物倒入喷雾器中，以免造成喷头堵塞。④喷施应在上午或傍晚进行。太阳暴晒、大风天或降雨前请勿施药。

(3) 产品性能。本产品是一种新型的微生物杀菌剂，可有效地抑制多种土壤真菌的生长及其危害作用，具有较强的真菌寄生性和竞争能力，同时还能刺激植物抗病机体所需的植物激素的产生，从而增强植物的抗病能力，促使植物生长与强壮，增强植物的防御能力及对致病真菌的抗性。

(4) 注意事项。

①使用本品前请认真阅读产品使用说明书。②本品不能与化

学杀菌剂混合使用，使用过化学杀菌剂的容器和喷雾器均不能直接用于本品，需用清水彻底清洗后使用。③对鱼低毒，远离水产养殖区施药，禁止在河塘等水体中清洗施药器具。④使用本品时应穿防护服并戴手套，避免吸入药液。施药期间不可饮食。施药后应及时洗手、洗脸及清洗暴露部位皮肤，孕妇及哺乳期妇女避免接触本品。⑤对蜂低毒，开花植物花期禁用；瓢虫等天敌放飞区域、鸟类保护区禁用。⑥过敏者禁用。孕妇及哺乳期妇女避免接触本产品。使用中有任何不良反应请及时就医。⑦用过的容器应妥善处理，不可做他用，也不可随意丢弃。

（5）中毒急救措施。如不慎吸入，应将病人移至空气流通处并及时就医。如不慎接触皮肤或溅入眼睛，应用大量清水冲洗至少15分钟并及时就医。误服后不要自行强制吐出，而应该立即送往医院对症治疗，并向医生出示制剂标签。

（6）储存和运输方法。本品应贮存在干燥、阴凉、通风、防雨处，远离火源或热源。置于儿童触及不到之处，并加锁。勿与食品、饮料、饲料、粮食等其他商品同贮同运。

3. 枯草芽孢杆菌

枯草芽孢杆菌是**芽孢杆菌属**的一种，广泛分布在土壤及腐败的有机物中，易在**枯草**浸汁中繁殖，属于细菌微生物农药。枯草芽孢杆菌**菌体**生长过程中产生枯草菌素、**多粘菌素**、**制霉菌素**、**短杆菌肽**等活性物质，这些活性物质对致病菌或**内源性感染**的条件致病菌有明显的抑制作用。2 000亿孢子/克的枯草芽孢杆菌可湿性粉剂的标签信息如下：

（1）使用范围和使用方法。

作物	防治对象	用药量	施用方式
草莓	白粉病	20 ～ 30克/亩	喷雾
草莓	灰霉病	20 ～ 30克/亩	喷雾
苹果树	白粉病	40 ～ 50克/亩	喷雾

（2）使用技术要求。防治草莓灰霉病、白粉病时在发病初期

开始用药，防治苹果白粉病时于发病前开始用药。每季可连续用药2 ～ 3次，施药间隔期为7 ～ 10天。

（3）产品性能。本品是用菌株CGMCC1.3376进行生产的杀菌剂，具有杀菌作用，无抗性，对白粉病和灰霉病有良好的防治效果。其作用机理是枯草芽孢杆菌喷洒在作物叶面上后，其活芽孢利用叶面上的营养和水分在叶片上繁殖，迅速占领整个叶片表面，同时分泌具有杀菌作用的活性物，达到有效排斥、抑制和杀灭病菌的作用。

（4）注意事项。

①在使用前，将本品充分摇匀。②不能与含铜物质或链霉素等杀菌剂相混用。③使用本品时应穿戴防护服和手套，避免吸入药液。施药期间不可饮食。施药后应及时洗手和洗脸。④远离水产养殖区施药，禁止在河塘清洗施药器具，避免污染水源。⑤孕妇及哺乳期妇女禁止接触本品。

（5）中毒急救措施。本品为微毒农药，使用本品时，若对眼睛有刺激、使用中或使用后感觉不适，立即停止工作，采取急救措施。如不慎接触皮肤或溅入眼睛，应用大量清水冲洗并就医；如有误服，应立即携标签遵医对症治疗。

（6）储存和运输方法。本品应贮存在干燥、阴凉、通风、防雨处，切勿日晒和冰冻，本产品贮存温度为0 ～ 40℃，最适宜贮存温度为10 ～ 25℃。置于儿童、无关人员及动物接触不到的地方。勿与食品、饮料、饲料等其他商品同贮同运。

4. 苦参碱

从植物苦参或苦豆子中提取的生物碱类植物源农药。如0.5%苦参碱水剂的标签信息如下：

（1）使用范围和使用方法。

作物	防治对象	用药浓度	施用方式
苹果树	红蜘蛛	220 ～ 660倍液	喷雾

（2）使用技术要求。苹果红蜘蛛发生初盛期施药，效果最佳。喷雾要均匀、周到。大雨天或预计1小时内降雨时请勿施药。

（3）产品性能。本品为天然植物源农药，具有触杀、胃毒作用，对苹果树上的红蜘蛛有较好的防效。

（4）注意事项。

①使用前请务必仔细阅读此标签，并严格按照标签说明使用。预计6小时内降雨时请勿施药。②本品对蜜蜂、鱼类等水生生物、家蚕有毒，施药期间应避免对周围蜂群的影响，蜜源作物花期禁用，蚕室和桑园附近禁用。远离水产养殖区施药，禁止在河塘等水体中清洗施药器具。用过的容器应妥善处理，不可做他用，也不可随意丢弃。③使用本品时应穿戴防护服、口罩和手套等，避免吸入药液。施药期间不可饮食等。施药后，彻底清洗器械，并立即用肥皂洗手和洗脸。④避免孕妇及哺乳期的妇女接触本品。

（5）中毒急救措施。无明显中毒症状。本品如接触皮肤，应用肥皂和清水彻底清洗接触处的皮肤；如溅入眼睛，用清水冲洗眼睛至少15分钟；若吸入，立即将吸入者转移到空气新鲜处，如果吸入者停止呼吸，需进行人工呼吸，注意保暖和休息，请医生诊治；若误服，应立即饮用大量温开水并催吐，同时立即请医生救治。

（6）储存和运输方法。本品应贮存于干燥、阴凉、通风、防雨处，远离火源或热源。置于儿童触及不到之处，并加锁保存。不能与食品、饮料、种子、粮食、饲料等物品同贮同运。

5. 香芹酚

天然的香芹酚主要存在于多种唇形科植物中，如百里香、牛至等，作为一种常用的食品添加剂及芳香剂，它具有低毒性、天然性的特点。作为农药的香芹酚也可通过人工合成，但仍属于植物源农药。其作用是通过破坏并改变致病菌的细胞膜结构或菌丝体的结构，或有效抑制分生孢子的活性，对细菌、真菌、昆虫均具有良好的生长抑制作用。5%香芹酚水剂的标签信息如下：

（1）使用范围和使用方法。

作物	防治对象	用药浓度	施用方式
苹果树	红蜘蛛	500 ～ 600倍液	喷雾

（2）使用技术要求。

①应于发生初期使用，对水均匀喷雾。②大风天或预计1小时内降雨时请勿施药。

（3）产品性能。本品是由黄花香蕾经提取加工而成的植物源农药，除杀虫作用外，还具有较强的抗菌作用，抗真菌能力尤为突出。可用于防治苹果树腐烂病。

（4）注意事项。

①使用本品后的苹果至少要间隔10天才能收获，每季最多施用3次。②本品不能与碱性农药等物质混用。③本品对鸟类、鱼类等水生生物有毒。鸟类保护区附近禁用，远离水产养殖区施药，禁止在河塘等水体中清洗施药器具，清洗施药器具的水也不能排入河塘等水体。④使用本品应采取相应的安全防护措施，穿靴子、长袖衣和长裤，戴防护手套、口罩等，避免皮肤接触及口鼻吸入。使用中不可吸烟、饮食。使用后及时用大量清水和肥皂清洗手、脸等暴露部位皮肤并更换衣物。⑤建议与作用机制不同的杀菌剂轮换使用，以延缓抗性产生。⑥用过的容器应妥善处理，不可做他用，也不可随意丢弃。⑦禁止儿童、孕妇及哺乳期的妇女接触，过敏者禁用，使用中有任何不良反应请及时就医。

（5）中毒急救措施。本品对眼睛有刺激作用。使用中或使用后如果感觉不适，应立即停止工作，采取急救措施，并携带标签送医院就诊。 若皮肤接触，应脱去污染的衣物，用软布去除污染农药，立即用大量清水和肥皂冲洗。 若眼睛溅入，应立即用流动清水冲洗不少于15分钟。若吸入，应立即离开施药现场，转移到空气清新处。若误食，应用清水充分漱口后，立即携带农药标签到医院就诊。 无专用解毒剂，应对症治疗。

(6) 储存和运输方法。本品应储存在干燥、阴凉、通风、防雨处，远离火源或热源。置于儿童、无关人员及动物接触不到的地方，并加锁保存。勿与食品、种子、饲料等同贮同运。

6. 乙蒜素

乙蒜素是植物源的大蒜提取物大蒜素的人工合成同系物乙基大蒜素的简称，属生物化学农药。80%乙蒜素的使用标签信息如下：

(1) 使用范围和使用方法。

作物	防治对象	用药浓度	施用方式
苹果树	叶斑病	800 ~ 1 000倍液	喷雾

(2) 使用技术要求。苹果树叶斑病800 ~ 1 000倍液喷雾。[注：①公顷用剂量=亩用制剂量×15。②总有效成分量浓度值(毫克/千克) =(制剂含量×1 000 000) ÷ 制剂稀释倍数]

(3) 产品性能。乙蒜素是一种有机硫内吸杀菌剂，对多种作物的病原菌有较好的抑制作用，可用作种子处理、叶面喷雾和灌根。

(4) 注意事项。

①本品在登记作物上的半衰期最多不超过4天，因此收获期的产品是安全的。②本品不能与碱性农药混用，浸过药液的种子不得与草木灰一起播种。③经本品处理的种子不能食用、榨油、做饲料。④本药剂属中等毒杀菌剂，不要让儿童及家畜接触。⑤使用时要遵守《农药安全使用规定》。用后用肥皂洗手，并将施药器具清洗干净。

(5) 中毒急救措施。如溅入眼睛或者污及皮肤，先用大量清水冲洗，再携标签就医；若不慎吸入，应迅速脱离现场至空气新鲜处，保持呼吸通畅；如发生中毒，应立即送医院对症治疗，洗胃要慎重，早期应灌服硫代硫酸钠溶液及活性炭，无特殊解毒剂。

(6) 储存和运输方法。本品不能与食品、饮料、粮食、饲料等混合贮存与运输，远离儿童；应贮存在通风、干燥、避光处；远离火种、热源，严防潮湿和日晒；搬运时轻放轻拿，严禁脚踏、重压。

7. 芸薹素内酯类

芸薹素内酯是一种新型植物生长调节剂，广泛存在于植物体内，属生物化学类农药。在植物生长发育各阶段中，既可促进营养生长，又利于受精作用。芸薹素内酯可从天然物中提取，也可人工合成。通过适宜浓度芸薹素内酯浸种和茎叶喷施处理，可以促进蔬菜、瓜类、水果等作物生长，可改善品质、提高产量，使色泽更艳丽、叶片更厚实。如0.136%赤・吲乙・芸薹可湿性粉剂的标签信息如下：

(1) 使用范围和使用方法。

作物	防治对象	用药量	施用方式
苹果树	调节生长	5 ~ 7克/亩	喷雾

(2) 使用技术要求。帮助受害作物更快愈合及恢复生长。苹果萌芽前、开花后分两次进行茎叶喷雾处理，施药时对叶片的正面和背面均匀喷雾。

(3) 产品性能。本产品是天然植物源产品，含有植物内源激素和黄酮类、氨基酸等多种植物活性物质，能够打破休眠、促进生根和发芽、活化细胞。

(4) 注意事项。

①在无风或微风晴天的上午或傍晚施药，避免在雨前和强光下使用。②不可与强酸、强碱农药混用。③施药时注意劳动保护，穿防护服，戴手套、口罩等，此时不能吸烟、饮食等；施药后清洗干净手、脸等。④用过的包装应妥善处理，不可做他用和随意丢弃。⑤避免孕妇及哺乳期的妇女接触。⑥远离水产养殖区施药，禁止在河塘清洗施药器具。

（5）中毒急救措施。本品对皮肤和眼睛有刺激作用。不慎进入眼睛后，请用水清洗至少15分钟，并翻开眼睑冲洗。如误服应喝水并携带标签到医院诊治。若不慎吸入，请转移至通风处。若不慎接触皮肤，应用大量清水冲洗至少15分钟。

（6）储存和运输方法。本品应贮存在干燥、阴凉、通风、防雨处，远离火源或热源，置于儿童触及不到之处保存并加锁，勿与食品、饮料、种子及饲料等其他商品同贮同运。

第三节　果园常用化学农药登记和使用情况

在苹果上登记的化学农药数量仅次于柑橘，共有2 462个产品，约有126个有效成分。其中杀虫剂单剂600个，混剂249个；杀菌剂单剂756个，混剂514个；杀螨剂单混剂251个（杀虫剂和杀螨剂在系统中有重复）；除草剂单混剂94个；植物生长调节剂49个，诱抗剂1个。具体情况可登陆“中国农药信息网”（http://www.chinapesticide.org.cn/hysj/index.jhtml）查询（图5-1）。

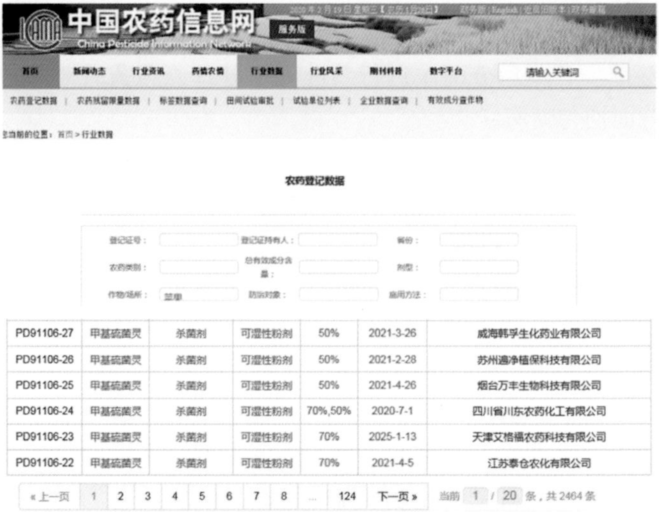
中国农药信息网
服务版
China Pesticide Information Network
首页　新闻动态　行业资讯　药情农情　行业数据　行业风采　期刊科普　数字平台
请输入关键词
农药登记数据 | 农药残留限量数据 | 标签数据查询 | 田间试验审批 | 试验单位列表 | 企业数据查询 | 有效成分查作物
您当前的位置：首页 > 行业数据
农药登记数据
登记证号：　登记证持有人：　省份：
农药类别：　总有效成分含量：　剂型：
作物/场所：苹果　防治对象：　施用方法：
PD91106-27　甲基硫菌灵　杀菌剂　可湿性粉剂　50%　2021-3-26　威海韩孚生化药业有限公司
PD91106-26　甲基硫菌灵　杀菌剂　可湿性粉剂　50%　2021-2-28　苏州遍净植保科技有限公司
PD91106-25　甲基硫菌灵　杀菌剂　可湿性粉剂　50%　2021-4-26　烟台万丰生物科技有限公司
PD91106-24　甲基硫菌灵　杀菌剂　可湿性粉剂　70%,50%　2020-7-1　四川省川东农药化工有限公司
PD91106-23　甲基硫菌灵　杀菌剂　可湿性粉剂　70%　2025-1-13　天津艾格福农药科技有限公司
PD91106-22　甲基硫菌灵　杀菌剂　可湿性粉剂　70%　2021-4-5　江苏泰仓农化有限公司
« 上一页　1　2　3　4　5　6　7　8　…　124　下一页 »　当前 1 / 20 条，共 2464 条

图5-1　苹果用农药登记情况查询示例

根据苹果主要病虫害靶标防治用药登记情况，有斑点落叶病574个、轮纹病424个、炭疽病155个、褐斑病72个、白粉病60个、腐烂病55个，蚜虫176个、红蜘蛛381个（叶螨67个）、桃小食心虫311个、卷叶蛾82个、金纹细蛾42个。

根据黄土高原主产区和环渤海湾苹果主产区用药情况调查，目前生产上主要使用的化学农药按杀虫、杀菌功能主要分为以下种类：

（1）化学杀虫（杀螨）单剂主要包括有机磷酸酯类，如毒死蜱等；拟除虫菊酯类，如高效氯氟氰菊酯、高效氯氰菊酯、联苯菊酯、氯氰菊酯、溴氰菊酯等；苯甲酰脲类，如除虫脲、氟铃脲、灭幼脲、杀铃脲和噻嗪酮等；烟碱和氯代烟碱类，如吡虫啉和啶虫脒等。杀螨单剂以哒螨灵、螺螨酯、炔螨特、三唑锡等为主。杀虫（杀螨）混剂多是上述几类药剂之间或与阿维菌素类药剂的混配制剂。

（2）化学杀菌剂主要包括传统多作用位点杀菌剂、现代选择性杀菌剂以及杀菌混剂。传统多作用位点杀菌剂，主要包括波尔多液、代森铵、代森锰锌、代森锌、络氨铜、石硫合剂等。现代选择性杀菌剂，主要包括苯并咪唑类，如多菌灵、甲基硫菌灵；甾醇生物合成抑制剂，如苯醚甲环唑、丙环唑、氟硅唑、氟环唑、腈菌唑、咪鲜胺、三唑醇、戊唑醇、已唑醇、抑霉唑；甲氧基丙烯酸酯类，如醚菌酯、嘧菌酯、吡唑醚菌酯；以及其他类别，如丙森锌、菌毒清、噻霉酮等。杀菌混剂多是传统多作用位点杀菌剂之间、现代选择性杀菌剂之间或两者之间的混配，如多·锰锌、甲硫·锰锌、吡醚·甲硫灵、吡唑·戊唑醇、丙森·多菌灵、丙唑·多菌灵、甲硫·吡唑、甲硫·腈菌唑、甲硫·戊唑醇、甲霜·锰锌、三乙膦酸铝、硫黄·多菌灵、锰锌·腈菌唑、咪鲜·异菌脲、戊唑·多菌灵、戊唑·咪鲜胺、戊唑·醚菌酯、烯酰·丙森锌、异菌·多菌灵、唑醚·丙森锌等。

（3）生物源和抗生素类药剂主要包括阿维菌素、氨基寡糖素、多抗霉素、甲氨基阿维菌素、甲维盐、苦参碱、宁南霉素、梧宁霉素、井冈霉素、中生菌素等。

第四节　果园高效施药器械介绍

我国果园施药机械经历了由背负式、担架式、推拉式到拖挂式、牵引式、悬挂式、自走式、乘坐式再到无人机的不断换代升级，目前，风送式喷雾机和无人机成为新型高效药械的代表产品。现代果园病虫害防治不仅要有良好的防治效果，还要减少化学农药用量，减轻面源污染，要求施药机械的雾化程度要高，雾滴在冠层中具有好的穿透性，工作参数等能够灵活调整，喷施精准，用药量少，并且适应性强，受环境影响小。风送式喷雾机和无人机作为先进高效的施药器械正在我国苹果生产中大面积推广应用。

一、按照出药液量和风机风向等划分风送式喷雾机

1. 轴流风机风送式喷雾机

由拖拉机牵引或悬挂作业，在风送条件下，将细小的药液雾滴吹至靶标，施药液量大幅减少。乔砧苹果园树冠高大，宜使用传统的轴流风机风送式喷雾机，它的雾化装置沿轴流风机出风口呈圆形排列，可以产生半径3 ～ 5米的放射状喷雾范围，喷雾高度可达4米以上。矮化苹果园均采用篱架式栽培，冠高降低到2.5 ～ 3.0米，冠径也大大减小，宜使用新型的轴流风机风送式喷雾机，即在轴流风机上安装导风装置，气流沿导风装置定向导出，降低喷雾高度。

2. 横流风机风送式喷雾机

这是一种可以实现定向风送的新型喷雾机。与传统轴流风机相比，横流风机产生的气流较易控制，出风口气流速度均匀，雾滴能够更加准确地沉积到靶标上。

3. 定向射流喷气喷雾机

采用离心风机作为风源，多风管定向风送，产生的气流通过多个蛇形管导出，每个蛇形风管对应一个雾化装置，可以根据冠

层形状和密度调整蛇形管出口位置，实现定向仿形喷雾。相比较轴流风机和横流风机风送方式，定向射流喷气喷雾机能够进一步减少农药损失。

二、按照动力提供形式划分风送式喷雾机

1. 自走式风送式喷雾机

采用履带底盘，履带与地面接触面积大，摩擦力大，不打滑，不下陷，且爬坡性能好；转弯半径小，可原地360°转弯；采用扇形喷头，药液辐射面大，喷药后不留死角；机体小、操作方便，行走灵活，适合密植型果园。丘陵山地、南方多雨地区以及松软、泥泞果园的作业环境复杂，可选用履带自走风送式喷雾机。轮胎自走风送式喷雾机适合地势平缓的果园使用（图5-2～图5-5）。

图5-2　履带自走风送式喷雾机

图5-3　轮胎自走风送式喷雾机

图5-4　乘坐式履带风送式喷雾机

图5-5　自走式履带风送式喷雾机

2. 牵引式风送式喷雾机

集约化、规模化矮砧密植果园，地头作业道足够宽，可选择牵引式风送式喷雾机，既可以保证施药效果，又大大提高作业效率。果园面积太大时，可选用超大药箱容积喷雾机，减少加药频率（图5-6）。

图5-6　牵引式风送式喷雾机

3. 悬挂式风送式喷雾机

最新研发的悬挂式风送式喷雾机增加了自动对靶静电喷雾功能，有果树枝叶时，喷雾系统自动打开喷雾，在没有果树枝叶的空档，喷雾系统自动关闭。有些机型还增加静电喷雾功能，带电的细雾滴做定向运动趋向植株靶标，沉降速度增快，附着量增大，覆盖均匀，进一步增加了药液在靶标叶片背面的沉积量，减少了漂移和流失（图5-7）。

图5-7　悬挂式风送式喷雾机

4. 小型风送式喷雾机

小型风送式喷雾机机身矮、轮距窄，速度、喷雾量可调。果园面积不大、行距较窄、地头作业道不宽的密植或郁闭果园，可以选择小型风送式喷雾机（图5-8 ~图5-11）。

图5-8　小型自走履带式风送式喷雾机

图5-9　小型车载式风送式喷雾机

图5-10　小型拉杆式风送式喷雾机

图5-11　小型背负式风送式喷雾机

三、按作业方式划分施药机械

按照作业方式，可分为地面作业机械和航化作业机械。

前文介绍的各种施药机械均为地面作业机械，植保无人机是近年来在果园病虫害防治中兴起的一种新型的航化作业机械。随着果园专用型植保无人机的不断试验研制，在苹果树病虫害防治上取得了突破性进展，越来越多的果园开始采用无人机施药（图5-12）。

图5-12　无人机作业及施药效果检测

附录1　果园禁限用农药列表

附录2　果园病虫测报防治技术标准名录及标准号

附录3　常用绿色防控技术产品生产企业信息（部分）

附录1　果园禁限用农药列表

《农药管理条例》第三十四条对农药禁限用方面作出了相关规定：农药使用者应当严格按照农药的标签标注的使用范围、使用方法和剂量、使用技术要求和注意事项使用农药，不得扩大使用范围、加大用药剂量或者改变使用方法。农药使用者不得使用禁用的农药。标签标注安全间隔期的农药，在农产品收获前应当按照安全间隔期的要求停止使用。剧毒、高毒农药不得用于防治卫生害虫，不得用于蔬菜、瓜果、茶叶、菌类、中草药材的生产，不得用于水生植物的病虫害防治。

至2020年1月，我国禁限用89种农药，其中41种为禁用农药（表1）、48种为限用农药（表2），另还有23种停止新增登记的农药（表3）。

表1　国家禁止使用的高毒农药名单（41种）

序号	农药名称	禁用原因	禁用范围	撤销登记日期	禁止销售日期	公告
1	六六六	持久有机污染物	国家明令禁止使用17种	2002年6月5日	2002年6月5日	农业部公告第199号
2	滴滴涕					
3	毒杀芬					
4	艾氏剂					
5	狄氏剂					
6	二溴乙烷	致癌、致畸、生殖毒性				
7	除草醚					
8	杀虫脒					
9	敌枯双					
10	二溴氯丙烷					
11	砷、铅类	高毒、富集				
12	汞制剂					

（续）

序号	农药名称	禁用原因	禁用范围	撤销登记日期	禁止销售日期	公告
13	氟乙酰胺	高毒、剧毒	国家明令禁止使用17种	2002年6月5日	2002年6月5日	农业部公告第199号
14	甘氟					
15	毒鼠强					
16	氟乙酸钠					
17	毒鼠硅					
18	甲胺磷		禁止使用	2003年12月31日（混配制剂）	2003年6月30日（混配制剂）；2008年1月9日（原药和单剂）	农业部公告第274号；五部门公告2008年第1号
19	对硫磷					
20	甲基对硫磷					
21	久效磷					
22	磷胺					
23	八氯二丙醚	在生产、使用过程中对人畜安全具有较大风险和危害	禁止使用	2007年3月1日	2008年1月1日	农业部公告第747号
24	苯线磷	高毒	禁止使用	2011年10月31日	2013年10月31日	农业部公告第1586号
25	地虫硫磷					
26	甲基环硫磷					
27	磷化钙					
28	磷化镁					
29	磷化锌					
30	硫线磷					
31	蝇毒磷					
32	治螟磷					
33	特丁硫磷					

（续）

序号	农药名称	禁用原因	禁用范围	撤销登记日期	禁止销售日期	公告
34	百草枯水剂	对人畜毒害大	禁止使用	2014年7月1日撤销百草枯水剂登记和生产许可，停止生产，保留母药生产企业水剂出口境外使用登记，允许专供出口生产	2016年7月1日停止水剂在国内销售和使用	农业部、工业和信息化部、国家质量监督检验检疫总局公告第1745号
35	氯磺隆（包括原药、单剂和复配制剂）	长残效致药害	禁止使用	2013年12月31日	2015年12月31日	农业部公告第2032号
36	胺苯黄隆			2013年12月31日撤销单剂产品登记证，2015年7月1日撤销原药和复配制剂产品登记证	2015年12月31日禁止单剂产品销售使用，2017年7月1日禁止 原药和复配制剂产品销售使用	
37	甲磺隆			2013年12月31日撤销单剂产品登记证，2015年7月1日撤销原药和复配制剂产品登记证	2013年12月31日单剂产品禁止在国内销售使用；2017年7月1日禁止在国内销售和使用，保留出口境 外使用登记	
38	福美胂	对人类和环境高风险、杂质致癌		2013年12月31日	2015年12月31日	
39	福美甲胂					

（续）

序号	农药名称	禁用原因	禁用范围	撤销登记日期	禁止销售日期	公告
40	三氯杀螨醇	高毒	禁止使用	2016年9月7日	2018年10月1日	农业部公告第2445号
41	氟虫胺	持久有机污染物		2019年3月26日	2020年1月1日	农业农村部公告第148号

表2　国家限制使用的高毒农药名单（48种）

序号	农药名称	禁用范围	公告	施行日期	限用原因	备注
1	氧化乐果	甘蓝	农业部公告第194号	2002.6.1	高毒	实行定点经营，标签还应标注“限制使用”字样，用于食用农产品的，还要标注安全间隔期
		柑橘树	农业部公告第1586号	2011.6.15		
2	甲基异柳磷	果树	农业部公告第194号	2002.6.1		
		蔬菜、果树、茶叶、中草药材	农业部公告第199号	2002.6.5		
		甘蔗	农业部公告第2445号	2008.10.1		
3	涕灭威	苹果树	农业部公告第194号	2002.6.1		
		蔬菜、果树、茶叶、中草药材	农业部公告第199号	2002.6.5		

（续）

<table>
<tr><th>序号</th><th>农药名称</th><th>禁用范围</th><th>公告</th><th>施行日期</th><th>限用原因</th><th>备注</th></tr>
<tr><td rowspan="3">4</td><td rowspan="3">克百威</td><td>柑橘树</td><td>农业部公告第194号</td><td>2002.6.1</td><td rowspan="15">高毒</td><td rowspan="15">实行定点经营，标签还应标注“限制使用”字样，用于食用农产品的，还要标注安全间隔期</td></tr>
<tr><td>蔬菜、果树、茶叶、中草药材</td><td>农业部公告第199号</td><td>2002.6.5</td></tr>
<tr><td>甘蔗</td><td>农业部公告第2445号</td><td>2008.10.1</td></tr>
<tr><td rowspan="3">5</td><td rowspan="3">甲拌磷</td><td>柑橘树</td><td>农业部公告第194号</td><td>2002.6.1</td></tr>
<tr><td>蔬菜、果树、茶叶、中草药材</td><td>农业部公告第199号</td><td>2002.6.5</td></tr>
<tr><td>甘蔗</td><td>农业部公告第2445号</td><td>2008.10.1</td></tr>
<tr><td rowspan="2">6</td><td rowspan="2">特丁硫磷</td><td>甘蔗</td><td>农业部公告第194号</td><td>2002.6.1</td></tr>
<tr><td>蔬菜、果树、茶叶、中草药材</td><td>农业部公告第199号</td><td>2002.6.5</td></tr>
<tr><td>7</td><td>甲胺磷</td><td rowspan="7">蔬菜、果树、茶叶、中草药材</td><td rowspan="7">农业部公告第199号</td><td rowspan="7">2002.6.5</td></tr>
<tr><td>8</td><td>甲基对硫磷</td></tr>
<tr><td>9</td><td>对硫磷</td></tr>
<tr><td>10</td><td>久效磷</td></tr>
<tr><td>11</td><td>磷胺</td></tr>
<tr><td>12</td><td>甲基硫环磷</td></tr>
<tr><td>13</td><td>治螟磷</td></tr>
</table>

（续）

序号	农药名称	禁用范围	公告	施行日期	限用原因	备注
14	内吸磷	蔬菜、果树、茶叶、中草药材	农业部公告第199号	2002.6.5	高毒	实行定点经营，标签还应标注“限制使用”字样，用于食用农产品的，还要标注安全间隔期
15	灭线磷					
16	硫环磷					
17	蝇毒磷					
18	地虫硫磷					
19	氯唑磷					
20	苯线磷					
21	三氯杀螨醇	茶树	农业部公告第199号	2002.6.5	杂质为有机氯，残留超标	标签应标注“限制使用”字样；用于食用农产品的，还应标注安全间隔期
22	氰戊菊酯					
23	丁酰肼（比久）	花生	农业部公告第274号，农农发（2010）2号通知	2003.4.30	致癌	
24	氟虫腈	仅限于卫生用、玉米等部分旱田种子包衣剂和专供出口产品使用	农业部公告第1157号	2009.10.1	对甲壳类水生生物和蜜蜂具有高风险，在水和土壤中降解慢	标签应标注“限制使用”字样；用于食用农产品的，还应标注安全间隔期
25	水胺硫磷	柑橘树	农业部公告第1586号	2011.6.15	高毒	实行定点经营，标签还应标注“限制使用”字样，用于食用农产品的，还要标注安全间隔期
26	灭多威	柑橘树、苹果树、茶树、十字花科蔬菜				

（续）

序号	农药名称	禁用范围	公告	施行日期	限用原因	备注
27	硫线磷	柑橘树、黄瓜	农业农村部公告第2552号	2019.1.1	高毒	—
28	硫丹	苹果树、茶树				实行定点经营，标签还应标注“限制使用”字样，用于食用农产品的，还要标注安全间隔期
		农业				
29	溴甲烷	草莓、黄瓜	农业部公告第1586号	2011.6.15	高毒/蒙特利尔公约管制物（破坏臭氧层）	
		限用于土壤熏蒸，在专业技术人员指导下使用	农业部公告第2289号	2015.10.1		
		农业	农业农村部公告第2552号	2019.1.1		
30	毒死蜱	蔬菜	农业部公告第2032号	2016.12.31	残留超标	标签还应标注“限制使用”字样，用于食用农产品的，还要标注安全间隔期
31	三唑磷					
32	杀扑磷	柑橘树	农业部公告第2289号	2015.10.1	高毒	—
33	氯化苦	限用于土壤熏蒸，在专业技术人员指导下使用				实行定点经营，标签还应标注“限制使用”字样，用于食用农产品的，还要标注安全间隔期

（续）

序号	农药名称	禁用范围	公告	施行日期	限用原因	备注
34	氟苯虫酰胺	水稻	农业农村部公告第2445号	2018.10.1	高毒	标签还应标注“限制使用”字样，用于食用农产品的，还要标注安全间隔期
35	磷化铝	限规范包装的磷化铝农药产品。应当内外双层包装。外包装应具有良好的密闭性，防水、防潮、防气体外泄。内包装应具有通透性，便于直接熏蒸使用。内、外包装均应标注高毒标识及“人畜居住场所禁止使用”等注意事项			对人畜高毒	实行定点经营，标签还应标注“限制使用”字样，用于食用农产品的，还要标注安全间隔期
36	乙酰甲胺磷	蔬菜、瓜果、茶叶、菌类和中草药材	农业农村部公告第2552号	2019.8.1	剧毒、高毒	标签还应标注“限制使用”字样，用于食用农产品的，还要标注安全间隔期
37	丁硫克百威				高毒	
38	乐果					

（续）

序号	农药名称	禁用范围	公告	施行日期	限用原因	备注
39	氟鼠灵		农业部公告第2567号	2017.10.1		实行定点经营，标签还应标注“限制使用”字样，用于食用农产品的，还要标注安全间隔期
40	百草枯					
41	2，4-滴丁酯					
42	C型肉毒梭菌毒素					
43	D型肉毒梭菌毒素					
44	敌鼠钠盐					
45	杀鼠灵					
46	杀鼠醚					
47	溴敌隆					
48	溴鼠灵					

表3　不再新增登记的农药清单（23种）

序号	农药名称	原因	公告	施行日期
1	内吸磷	高毒	农业部公告第194号	2002年4月22日（临时登记申请）
2	甲拌磷		农业部公告第194号 农业部公告第1586号	2002年4月22日（临时登记申请） 2011年6月15日（登记申请）
3	氧化乐果			
4	水胺硫磷			
5	特丁硫磷			
6	甲基硫环磷			
7	治螟磷			

（续）

序号	农药名称	原因	公告	施行日期
8	甲基异柳磷	高毒	农业部公告第194号 农业部公告第1586号	2002年4月22日（临时登记申请） 2011年6月15日（登记申请）
9	涕灭威			
10	克百威			
11	灭多威			
12	苯线磷	高毒	农业部公告第1586号	2011年6月15日（登记申请）
13	地虫硫磷			
14	磷化钙			
15	磷化镁			
16	磷化锌			
17	硫线磷			
18	蝇毒磷			
19	杀朴磷			
20	灭线磷			
21	磷化铝			
22	溴甲烷			
23	硫丹			

农业农村部之前发布的公告中，以下农药在果树上也被禁止使用：

农药名称：硫丹、硫线磷、灭多威、水胺硫磷、溴甲烷、杀扑磷、含硫丹产品、含溴甲烷产品、乐果、丁硫克百威、乙酰甲胺磷。

禁用果树范围：硫丹、灭多威不得继续在苹果树上使用。硫线磷、灭多威、水胺硫磷不得继续在柑橘树上使用。溴甲烷不得继续在草莓上使用。杀扑磷禁止在柑橘树上使用。包括乐果、丁硫克百威、乙酰甲胺磷这3种农药有效成分的单剂、复配制剂禁止在瓜果作物上使用。

附录2 果园病虫测报防治技术标准名录及标准号

国家标准：

1. GB/T 17980.7—2000 农药 田间药效试验准则（一） 杀螨剂防治苹果叶螨

2. GB/T 17980.8—2000 农药 田间药效试验准则（一） 杀虫剂防治苹果小卷叶蛾

3. GB/T 17980.9—2000 农药 田间药效试验准则（一） 杀虫剂防治果树蚜虫

4. GB/T 17980.25—2000 农药 田间药效试验准则（一） 杀菌剂防治苹果树梭疤病

5. GB/T 17980.44—2000 农药 田间药效试验准则（一） 除草剂防治果园杂草

6. GB/T 17980.64—2004 农药 田间药效试验准则（二） 第64部分：杀虫剂防治苹果金纹细蛾

7. GB/T 17980.65—2004 农药 田间药效试验准则（二） 第65部分：杀虫剂防治苹果桃小食心虫

8. GB/T 17980.116—2004 农药 田间药效试验准则（二） 第116部分：杀菌剂防治苹果和梨树腐烂病疤（斑）复发药效试验

9. GB/T 17980.117—2004 农药 田间药效试验准则（二） 第117部分：杀菌剂防治苹果和梨树腐烂病药效试验

10. GB/T 17980.118—2004 农药 田间药效试验准则（二） 第118部分：杀菌剂防治苹果轮纹病药效试验

11. GB/T 17980.124—2004 农药 田间药效试验准则（二） 第124部分：杀菌剂防治苹果斑点落叶病

12. GB/T 17980.144—2004 农药 田间药效试验准则（二） 第144部分：植物生长调节剂促进苹果着色试验

13. GB/T 17980.146—2004 农药 田间药效试验准则

（二）　第146部分：植物生长调节剂提高苹果果形指数试验

14. GB/T 12943—2007　苹果无病毒母本树和苗木检疫规程

15. GB 8370—2009　苹果苗木产地检疫规程

16. GB/T 28097—2011　苹果黑星病菌检疫鉴定方法

17. GB/T 28074—2011　苹果蠹蛾检疫鉴定方法

18. GB/T 29586—2013　苹果绵蚜检疫鉴定方法

19. GB/T 31804—2015　苹果锈果类病毒检疫鉴定方法

20. GB/T 33038—2016　苹果蠹蛾防控技术规程

21. GB/T 35336—2017　苹果皱果类病毒检疫鉴定方法

农业标准：

1. NY/T 328—1997　苹果无病毒苗木繁育规程

2. NY/T 403—2000　脱毒苹果母本树及苗木病毒检测技术规程

3. NY/T 441—2001　苹果生产技术规程

4. NY/T 5012—2002　苹果生产技术规程

5. NY 329—2006　苹果无病毒母本树和苗木

6. NY/T 1086—2006　苹果采摘技术规范

7. NY/T 1082—2006　黄土高原苹果生产技术规程

8. NY/T 1083—2006　渤海湾地区苹果生产技术规程

9. NY/T 1084—2006　红富士苹果生产技术规程

10. NY/T 1085—2006　苹果苗木繁育技术规程

11. NY/T 1276—2007　农药安全使用规范总则

12. NY/T 1464.5—2007　农药田间药效试验准则　第5部分：杀虫剂防治苹果绵蚜

13. NY/T 1610—2008　桃小食心虫测报技术规范

14. NY/T 2029—2011　农作物优异种质资源评价规范 苹果

15. NY/T 2136—2012　标准果园建设规范 苹果

16. NY/T 2281—2012　苹果病毒检测技术规范

17. NY/T 441—2013　苹果生产技术规程

18. NY/T 2305—2013　苹果高接换种技术规范

19. NY/T 2316—2013 苹果品质指标评价规范
20. NY/T 2384—2013 苹果主要病虫害防治技术规程
21. NY/T 2411—2013 有机苹果生产质量控制技术规范
22. NY/T 2414—2013 苹果蠹蛾监测技术规范
23. NY/T 60—2015 桃小食心虫综合防治技术规程
24. NY/T 2684—2015 苹果树腐烂病防治技术规程
25. NY/T 2719—2015 苹果苗木脱毒技术规范
26. NY/T 2734—2015 桃小食心虫监测性诱芯应用技术规范
27. NY/T 2163.2—2016 盲蝽测报技术规范 第2部分：果树
28. NY/T 2921—2016 苹果种质资源描述规范
29. NY/T 2951.2—2016 盲蝽综合防治技术规范 第2部分：果树
30. NY/T 3064—2016 苹果品种轮纹病抗性鉴定技术规程
31. NY/T 3344—2019 苹果腐烂病抗性鉴定技术规程
32. NY/T 3417—2019 苹果树主要害虫调查方法

林业标准：

1. LY/T 2112—2013 苹果蠹蛾防治技术规程
2. LY/T 2424—2015 苹果蠹蛾检疫技术规程

商业标准：

1. SN/T 1383—2004 苹果实蝇检疫鉴定方法
2. SN/T 2342—2009 苹果茎沟病毒检疫鉴定方法
3. SN/T 2342.2—2010 苹果皱果类病毒检疫鉴定方法
4. SN/T 2398—2010 苹果丛生植原体检疫鉴定方法
5. SN/T 2615—2010 苹果边腐病菌检疫鉴定方法
6. SN/T 2758—2011 美国圆柏苹果锈病菌检疫鉴定方法
7. SN/T 3069—2011 苹果和梨果实球壳孢腐烂病菌检疫鉴定方法
8. SN/T 3289—2012 苹果果腐病菌检疫鉴定方法
9. SN/T 3290—2012 苹果异形小卷蛾检疫鉴定方法
10. SN/T 3750—2013 苹果壳色单隔孢溃疡病菌检疫鉴定方法

11. SN/T 3751—2013　苹果树炭疽病菌检疫鉴定方法
12. SN/T 4872—2017　苹果花象检疫鉴定方法
地方标准：
1. DB37/T 360—2003　苹果全爪螨测报调查规范
2. DB37/T 361—2003　苹果轮纹病测报调查规范
3. DB37/T 362—2003　苹果斑点落叶病测报调查规范
4. DB37/T 363—2003　桃小食心虫测报调查规范
5. DB37/T 364—2003　金纹细蛾测报调查规范
6. DB34/T 571—2005　苹果褐斑病测报调查规范
7. DB34/T 572—2005　苹果小卷叶蛾测报调查规范
8. DB51/T 823—2008　苹果生产技术规程
9. DB21/T 1662—2008　农产品质量安全 苹果梨套袋技术操作规程
10. DB13/T 1145—2009　苹果树腐烂病综合防治技术规程
11. DB13/T 1277—2010　苹果树害螨综合防治技术规程
12. DB65/T 3340—2011　苹果腐烂病无公害防治技术规程
13. DB65/T 3339—2011　苹果蠹蛾无公害防治技术规程
14. DB65/T 3458—2012　新疆苹果病虫鼠害防治技术规程
15. DB11/T 1050—2013　梨小食心虫监测与防治技术规程
16. DB41/T 806—2013　苹果轮纹病综合防治技术规程
17. DB14/T 799—2013　苹果树腐烂病综合防治技术规程
18. DB14/T 800—2013　苹果轮纹病综合防治技术规程
19. DB14/T 883—2014　苹果黄蚜综合防治技术规程
20. DB14/T 884—2014　苹果园桃小食心虫综合防治技术规程
21. DB14/T 885—2014　山楂叶螨综合防治技术规程
22. DB14/T 906—2014　苹果主要病虫害绿色防控技术规程
23. DB14/T 917—2014　苹果绵蚜综合防治技术规程
24. DB61/T 925.1—2014　农用天气预报　第1部分：苹果树农药喷洒
25. DB14/T 1074—2015　苹果绵蚜测报技术规范

26. DB14/T 1128—2015　苹果树腐烂病抗病性鉴定技术规程
27. DB14/T 1073—2015　苹果园金纹细蛾综合防治技术规范
28. DB14/T 1129—2015　苹果园休眠期病虫害防治技术规程
29. DB65/T 3740—2015　苹果蠹蛾疫情监测规程
30. DB61/T 1050—2016　苹果主要病虫害绿色防控技术规程
31. DB61/T 1051—2016　果树害螨绿色防控技术规程
32. DB37/T 2896—2016　果树二斑叶螨综合防治技术规程
33. DB14/T 1346—2017　灌溉果园白三叶种植与利用技术规程
34. DB14/T 1640—2018　苹果病虫害农药减量控制技术规程
35. DB13/T 2658—2018　北方果树害螨生态调控技术规程
36. DB14/T 143—2019　苹果褐斑病测报调查规范
37. DB14/T 141—2019　苹果园山楂叶螨测报调查规范
38. DB14/T 140—2019　苹果斑点落叶病测报调查规范
39. DB14/T 142—2019　金纹细蛾测报调查规范
40. DB11/T 1664—2019　主要果树害虫监测调查技术规程
41. DB41/T 1872—2019　苹果主要病虫害绿色防控技术规程
42. DB41/T 1773—2019　苹果红蜘蛛综合防治技术规程

团体标准：

T/YOFU 12—2018　有机苹果生产质量控制技术规范

附录3　常用绿色防控技术产品生产企业信息（部分）

类别	产品名称	防治对象或作用	适用作物	厂家信息
天敌类	智利小植绥螨	叶螨（红蜘蛛）	设施蔬菜、花卉及果树等	名称：中国农业科学院植物保护研究所捕食螨组 地址：北京市海淀区圆明园西路2号 邮编：100193 电话：010-62815981
	东方钝绥螨	害螨	设施蔬菜、花卉及果树等	名称：中国农业科学院植物保护研究所捕食螨组 地址：北京市海淀区圆明园西路2号 邮编：100193 电话：010-62815981
	巴氏新小绥螨	蓟马和害螨	设施蔬菜、花卉及果树等	名称：中国农业科学院植物保护研究所捕食螨组 地址：北京市海淀区圆明园西路2号 邮编：100193 电话：010-62815981
	赤眼蜂	棉铃虫、玉米螟、卷叶蛾等鳞翅目害虫	果树、大田等作物	名称：安阳洹林科技有限公司 地址：河南省汤阴县 邮编：456150 电话：13937286256
	丽蚜小蜂	主要用于防治温室白粉虱、烟粉虱	大棚作物	名称：安阳洹林科技有限公司 地址：河南省汤阴县 邮编：456150 电话：13937286256
	捕食螨（胡瓜钝绥螨）	红蜘蛛、锈壁虱、蓟马、叶螨等	果树、蔬菜等作物	名称：安阳洹林科技有限公司 地址：河南省汤阴县 邮编：456150 电话：13937286256

注：表中列出的绿色防控技术产品均为经项目试验示范使用过的。

（续）

类别	产品名称	防治对象或作用	适用作物	厂家信息
授粉类	熊蜂	授粉	果树、大棚作物等	名称：安阳洹林科技有限公司 地址：河南省汤阴县 邮编：456150 电话：13937286256
害虫灯光诱控类	电击式、风吸式、照明+杀虫两用型、新型智能物联网杀虫灯	趋光性害虫	多种果园、农田和菜田	名称：常州金禾新能源科技有限公司 地址：江苏省常州市金坛区南环一路1086号 邮编：213200 电话：0519-82368808
	德瑞风吸式太阳能杀虫灯	趋光性害虫	多种果园、农田和菜田	名称：山东德瑞农业科技有限公司 电话：0543-46615050
物理阻隔防护类	国光松尔膜	树干病虫害防治	多种果树及油茶、橄榄等	名称：四川润尔科技有限公司 销售公司：四川国光农资有限公司 地址：四川省成都市龙泉驿区北京路899号 电话：028-66127950 公司网址：www.scggic.com
助剂类	激健		可与除草剂、杀虫剂、杀菌剂、叶面肥、植物生长调节剂等混配使用	名称:成都激健生物科技有限公司 地址:四川省成都市双流区西南航空港经济开发区腾飞十路125号 电话:13905642845，028-85811503 网址:www.scshufeng.cn
理化诱控产品	性诱剂及其配套诱捕器	害虫的监测和防治	果树、蔬菜、茶树、水稻、粮油作物及其他作物	名称：宁波纽康生物技术有限公司 地址：浙江省宁波市北仑区白云山路68号 邮编：315807 电话：0574-86113161

（续）

类别	产品名称	防治对象或作用	适用作物	厂家信息
理化诱控产品	性诱剂、性迷向素及其配套诱捕器	害虫的监测和防治	果树、蔬菜、茶树、水稻、粮油作物及其他作物	名称：北京中捷四方生物科技股份有限公司 地址：北京市通州区 邮编：101102 电　话：400-1515559，010-56495615，13331008768 邮　箱：zhongjiesifang@aliyun.com 网址：www.bjzjsf.com
	性诱剂	害虫的监测和防治	果树、蔬菜、茶树、水稻、粮油作物及其他作物	名称：北京依科曼生物技术股份有限公司 地址：北京市海淀区上地信息路26号中关村创业大厦 邮编：100086 电话：010-82790391
	澳福姆性迷向素	梨小食心虫	桃、梨、苹果等果树	名称：深圳百乐宝生物农业科技有限公司 地址：广东省深圳市福田区深南大道7008号阳光高尔夫大厦1105室 邮编：518000 电话：0755-82033277
物理诱杀产品	全降解诱虫板	潜叶蝇、粉虱、蚜虫、蓟马等趋色性害虫	果树、蔬菜等作物	名称：北京依科曼生物技术股份有限公司 地址：北京市海淀区上地信息路26号中关村创业大厦 邮编：100086 电话：010-82790391
	信息素诱虫板、全降解诱虫板	梨茎蜂、粉虱、蚜虫、蓟马等趋色性害虫	果树、蔬菜等作物	名称：北京中捷四方生物科技股份有限公司 地址：北京市通州区 邮编：101102 电　话：400-1515559，010-56495615，13331008768

（续）

类别	产品名称	防治对象或作用	适用作物	厂家信息
生物农药类	赤·吲乙·芸薹	调节生长	苹果树	名称：德国阿格福莱农林环境生物技术股份有限公司 地址：北京市朝阳区十里堡甲3号A座22层25N 邮编：100025 电话：010-65821632

参考文献

陈真真，王伟，2014. 新疆苹果生产现状及思考[J]. 新疆农垦生产科技（11）：67-70.

党建美，2014. 炭疽菌叶枯病在我国苹果产区的发生分布及趋势分析[J]. 北方园艺（10）：177-179.

段宝珍，2010. 白水县苹果品种结构与区域布局研究[D]. 杨凌：西北农林科技大学.

韩明玉，2016. 当前我国苹果产业发展面临的重大问题和对策措施[J]. 中国果业，33（12）:7-8，14.

黄园，2010. 苹果褐斑病病原多样性及品种抗病性鉴定研究[D]. 杨凌: 西北农林科技大学.

梁帝允，张治，2013. 中国农区杂草识别图册[M]. 北京：中国农业科学技术出版社.

全国农业技术推广服务中心，2016. 生物农药科学使用指南[M]. 北京：化学工业出版社.

全国农业技术推广服务中心，2017. 植物免疫诱抗剂氨基寡糖素应用技术[M]. 北京：中国农业出版社.

邵振润，梁帝允，2014. 农药安全科学使用指南[M]. 2版. 北京：中国农业科学技术出版社.

邵振润，闫晓静，2014. 杀菌剂科学使用指南[M]. 北京：中国农业科学技术出版社.

邵振润，张帅，高希武，等，2012. 杀虫剂科学使用指南[M]. 北京：中国农业出版社.

石绍敏，2019. 浅谈滴灌技术的优势及推广应用前景[J]. 新农业（21）：27.

王江柱，王勤英，仇贵生，等，2018. 现代落叶果树病虫害诊断与防控原色图鉴[M]. 北京：化学工业出版社.

王金政，2019. 新中国果树科学研究70年——苹果[J]. 果树学报，36（10）：

1255-1263.

魏永平，2011. 黄土高原苹果园植物多样性对果园昆虫群落的影响[D]. 杨凌：西北农林科技大学.

杨普云，赵中华，2012. 农作物病虫害绿色防控技术指南[M]. 北京：中国农业出版社.

杨荣盛，2019. 苹果病虫害发生防治现状、问题及对策分析[J]. 农业开发与装备（3）：185.

赵峰，2018. 我国节水灌溉技术发展现状与趋势[J]. 农业装备与车辆工程，56（2）：25-28.

赵中华，黄家兴，张礼生，2016. 蜜蜂授粉和绿色防控技术集成理论与实践[M].北京：中国农业出版社.

中国农业科学院植物保护研究所，1995. 中国农作物病虫害[M].2版. 北京：中国农业出版社.

XING FEI，LI SHIFANG，2018. Genomic Analysis，Sequence Diversity and Occurrence of *Apple necrotic mosaic virus*，a Novel Ilarvirus Associated with Mosaic Disease of Apple Trees in China[J].Plant Disease: 1841-1847.

图书在版编目（CIP）数据

图解苹果病虫害识别与绿色防控/赵中华，王亚红主编．—北京：中国农业出版社，2021.1（2021.5 重印）
（专业园艺师的不败指南）
ISBN 978-7-109-27036-7

Ⅰ.①图… Ⅱ.①赵…②王… Ⅲ.①苹果–病虫害防治–无污染技术–图解 Ⅳ.①S436.611-64

中国版本图书馆CIP数据核字（2020）第118284号

审图号：GS（2019）1824号

中国农业出版社出版
地址：北京市朝阳区麦子店街18号楼
邮编：100125
责任编辑：国 圆 郭晨茜 文字编辑：赵钰洁
版式设计：杜 然 责任校对：吴丽婷
印刷：北京中科印刷有限公司
版次：2021年1月第1版
印次：2021年5月北京第2次印刷
发行：新华书店北京发行所
开本：880mm×1230mm 1/32
印张：8.75
字数：235千字
定价：58.00元
